DER FLUG DER TIERE

VON

Dr. F. ZSCHOKKE

PROFESSOR DER ZOOLOGIE AN
DER UNIVERSITÄT BASEL

SPRINGER-VERLAG BERLIN HEIDELBERG GMBH

1919

Copyright 1919 by Springer-Verlag Berlin Heidelberg.
Ursprünglich erschienen bei Julius Springer in Berlin 1919
Softcover reprint of the hardcover 1st edition

ISBN 978-3-642-90605-3   ISBN 978-3-642-92463-7 (eBook)
DOI 10.1007/978-3-642-92463-7

Vorwort.

Der folgende Aufsatz verdankt seine Entstehung einem in
Basel gehaltenen öffentlichen Vortrag und der vielfachen Auf-
forderung, das gesprochene Wort in breiterer und tieferer Aus-
führung durch die Schrift festzuhalten und so weiteren Kreisen
zugänglich zu machen. Er will einer mit biologischen Fragen
sich beschäftigenden Leserschaft Aufschluß geben über das
Vorkommen der fliegenden Lebensweise im Tierreich, über ihren
Ursprung, ihre Erscheinung und ihren Erfolg, und besonders
über die Bedeutung des Flugs für die Stellung des mit Flügeln
ausgerüsteten Geschöpfs im Naturganzen. Die gesteckten Ziele
bedingten Form und Inhalt der Abhandlung. Es galt, wissenschaftliche Tatsachen in ein populäres Gewand zu kleiden. An
diese Gesichtspunkte sich erinnernd, mag der Leser dem Versuch
eine wohlwollende Beurteilung zuteil werden lassen.

Basel, im November 1918.

Prof. Dr. F. Zschokke.

Durch die ganze Geschichte des Menschengeschlechts zieht wie eine ungestillte Sehnsucht bald, bald wie ungestümes, brennendes Verlangen, der Wunsch, zu fliegen, sich zu befreien von den drückenden Fesseln und aus den engen Schranken des festen Erdbodens und es dem Vogel gleichzutun, der selbstherrlich durch die Lüfte segelt, oder dem Schmetterling, der in frohem Genuß die Blüten umgaukelt. Der Wunsch klingt aus den Sagen der Inder und Perser; er verkörpert sich im klassischen Griechenland in Dädalus und Ikarus, die aus dem Labyrinth Kretas auf selbstgefertigten Flügeln entfliehen, und im Norden in Wieland dem Schmied, der sich zum Vorbild den fluggewaltigen Seeadler wählt. Er findet seine edelste Verklärung in jener wundervollen Stelle von Goethes Faust:

»O daß kein Flügel mich vom Boden hebt,
Ihr nach und immer nach zu streben!
Ich säh’ im ewigen Abendstrahl die stille Welt zu meinen
                                    Füßen,
Entzündet alle Höh’n, beruhigt jedes Tal,
Den Silberbach in goldne Ströme fließen.
Vor mir der Tag und hinter mir die Nacht,
Den Himmel über mir und unter mir die Wellen.
Ja wäre nur ein Zaubermantel mein,
Und trüg’ er mich in fremde Länder,
Mir sollt’ er um die köstlichsten Gewänder,
Nicht feil um einen Königsmantel sein. «

Den Göttern verleiht der Mensch Schwingen und den Dämonen im Luftraum. Er träumt den Traum von göttergleichem Flug über die Grenzen von Zeit und Raum, vom Sieg über die Endlichkeit und vom Gewinn der Unendlichkeit. Das Verlangen nach Flügeln zwang in seinen Dienst das Genie eines Lionardo da Vinci; es schlug in den Bann die Phantasie Jules Vernes und

Böcklins; es ließ das Ulmer Schneiderlein im Jahre 1811 seinen tragikomischen Sprung vom turmhohen Gerüst in die Donau wagen. Es führte Montgolfier zum Bau des einst vielbewunderten Kugelballons, der heute als ungelenker, plumper Notbehelf anmutet, und gab dem Grafen Zeppelin die Kraft, in unverdrossener Arbeit alle Hindernisse zu überwinden, die sich dem Bau des lenkbaren Luftschiffs entgegentürmten.

Die Göttergabe, die der Mensch seit der ältesten Zeit unaufhörlich zu erringen trachtet, besitzen zahlreiche andere Geschöpfe von Geburt an, als ein Geschenk der gütigen Natur.

Schon eine trockene, zahlengemäße Betrachtung, wie sie der Straßburger Zoologe L. Döderlein anstellt, beleuchtet hell die Bedeutung der fliegenden Lebensweise für die heutige Tierwelt (1). Von etwa 420 000 lebenden Arten vermögen viel mehr als die Hälfte, mindestens 260 000, sich fliegend in die Luft zu erheben. Das macht 62% aller tierischen Lebewesen aus. Und wenn gar nur die Bewohner von Festland und Atmosphäre in Rechnung gestellt werden, die echten Wassertiere aber unberücksichtigt bleiben, verschiebt sich das Zahlenverhältnis noch ganz beträchtlich zugunsten der Flieger. 75% aller Tiere des trockenen Elementes verfügen über Flügel.

Auf die einzelnen Tiergruppen allerdings, welche die Systematik heute kennt, verteilen sich die fliegenden Geschöpfe höchst ungleich. Nur zwei große Stämme, die Wirbeltiere und die Gliederfüßer, verstehen es, sich mit dem Flügel vom festen Erdreich loszulösen. Beide verfügen über gelenkig gegliederte Extremitäten und damit über hurtige Bewegungen. In beiden erhebt sich der Flug als Lebensleistung, verkörpert im Insekt und im Vogel, zu einem unübersteigbaren Gipfelpunkt. Ungelenke Tiere, ohne hoch organisierte Gliedmaßen, der kriechende Wurm und die plumpe Schnecke, müssen die Fähigkeit, die freie Luft zu durchmessen, entbehren.

Den Insekten entstammen etwa 250 000 fliegende Arten; die Wirbeltiere liefern 13 000 flugtüchtige Vögel und 600 Fledermäuse. Wassertiere, die durch ihre Atmung an das feuchte Medium gefesselt sind, kennen den Flug nicht, oder nur in beschränktem Maße. Vom mannigfaltigen Heer der Fische erheben sich einige wenige Arten, sechzig vielleicht im ganzen, zu kurzem, flachem Fallschirmwurf über die Fläche des Meeres.

W. Branca bezeichnet das Vermögen, sich in die Luft zu schwingen, die Schwere zu überwinden, als »eine Leistung, so staunenswert, so großartig, daß sie nur noch durch eines übertroffen wird, die Ausbildung des menschlichen Denkvermögens «(2).

»Der Flug«, so schreibt Döderlein mit vollem Recht, »ist die höchstentwickelte, die idealste Form der Ortsbewegung, die von Landbewohnern erreicht werden kann.«

Im Flug wetteifert der Mauersegler an Schnelligkeit mit dem Sturmwind; der rastlose Flügel trägt den Albatros um den ganzen Erdball; er erschließt dem Insekt und dem Vogel das weite Luftmeer, das keine Grenzen kennt und keine hemmenden Schranken. So gelang es den Fliegern im Laufe der Zeiten sich die ganze Erde zu unterwerfen, alle ihre Räume zu besiedeln und alle ihre Hilfsquellen auszunützen. Die gefiederten Scharen beleben den Ozean, wie das Festland, den eisigen Pol, wie den Äquator. Sie hausen auf dem schneebedeckten Gipfel des Hochgebirgs und im tiefen Tal, im Dunkel des Urwalds, auf dem umbrandeten Felsenriff, in der sonnendurchstrahlten Wüste, auf dem fruchtbaren Ackerfeld und als freundliche Gäste unter dem Dach des Menschen.

Geflügelte Tiere, Insekten und Vögel, sind die ersten Ankömmlinge auf neuentstandenen Inseln und auf Schuttwällen, die mitten im Gletscherstrom eisfrei werden, die Boten des Lebens auf jungfräulichem Boden. Sie dringen als Pioniere der Organismenwelt am weitesten vor über die Wassereinöde der Meere und in die unwirtliche Arktis. Ihre Schwingen haben die Flieger zu Weltbürgern gemacht (3).

Doch nicht nur durch die räumliche Ausdehnung ihres Wohnbezirks, auch an Zahl der Arten, der Formen und Individuen sind die fliegenden Tiere unbestrittene Herrscher der Erde geworden. 13 000 Vögel etwa erfüllen das Luftmeer mit ihrem Gesang und durchmessen es mit eiligem Flügel; die Insekten stellen in unserer Schöpfung den ungeheuren Heerhaufen von 280 000 Arten, von denen mindestens 240 000 des Fliegens kundig sind, und auch die flugbegabten Säuger, die Fledermäuse, haben die stattliche Vertretung von 600 Spezies erreicht. Wolken von Seevögeln umschweben die Klippen des Nordens; sie suchen auf den Felsgesimsen Rast und Nistplatz und wandeln den toten Stein zum lebenden Vogelberg. Wie qualmende Rauchsäulen zittert der Flügelschlag von Myriaden fliegender Ameisen in der heißen Sommerluft, und zu tausenden finden sich Schmetterlinge und Libellen zum Wanderflug zusammen. Zahlen und unbegrenzte Wohnräume verkünden laut, welche Bedeutung in der Schöpfung der Flug besitzt, welchen Vorsprung im Kampf des Lebens er sichert, und welche Vorteile die Gabe des Flugs bietet, wenn es gilt, einen Platz am Tische der Natur zu erobern.

Der Flug bringt dem fliegenden Geschöpf »eine Befreiung von den Fesseln, mit denen es an die Erdrinde gebunden ist« und eröffnet ihm damit weite Möglichkeiten der Ernährung, der Fortpflanzung zu günstigster Zeit am geeignetsten Ort und der Abwehr der Feinde, seien es Tiere oder die Unbill der toten Außenwelt, durch eilige Flucht. Er rettet den Flieger vor manchen Fährlichkeiten und sichert so den Bestand des Einzelwesens wie der Art. Alle diese Vorteile indessen, die das Fliegen gewährt, schränken sich ein, wenn auch der Mitbewerber um das Leben und der Feind sich mit Flügeln in die Luft zu schwingen vermag.

Es leuchtet ohne weiteres ein, daß die fliegende Lebensweise in ihrer Schrankenlosigkeit und mit all ihrem steten Wechsel den Flieger die mannigfaltigsten Wechselbeziehungen zur unbelebten Natur und zur belebten Außenwelt, zu Tier und zu Pflanze schließen läßt. Die Ansprüche an die Umgebung steigern sich für den Flieger, und die Umwelt beantwortet diese Fragen in der verschiedensten Weise. So spannen sich die wunderbarsten biologischen Bänder zwischen dem Flieger und der umgebenden Natur aus.

Aus der Fülle der Erscheinungen sei nur die eine hervorgehoben. Fliegern blieb es vorbehalten, den Blütenpflanzen gegenüber die Rolle der Bestäuber und damit auch der Erhalter zu spielen. Diese für die Existenz der höheren Pflanzenwelt entscheidende Aufgabe übernimmt in weitestem Maße das geflügelte Heer der Insekten, unter den Tropen bescheiden unterstützt von insektenähnlichen Vögeln, den Kolibris Südamerikas und den Honigsaugern der alten Welt.

Die durch die Notwendigkeit der Bestäubung bedingte gegenseitige Anpassung aber erwies sich für beide an dem Vorgang Beteiligten, für Pflanze und für Tier, als eine unversiegliche Quelle gestaltlicher Umformung. Es entwickelte sich bei Bestäubern und Bestäubten die ungeheure Formenfülle, die in ihrer

unendlichen Mannigfaltigkeit verwirrt, und in ihrer Zweck-
mäßigkeit zugleich überrascht. Alle jene wunderbaren Anpassungen aber verdanken ihre Entstehung in letzter Linie der
fliegenden Lebensweise.

Fliegen und Schwimmen, Bewegung in der Luft und im Wasser,
bieten in ihrem Wesen mancherlei Analogie (2). Dem Schwimmer wie dem Flieger wird das Medium zur Stütze zugleich und
zum Hemmnis. Doch sieht sich der fliegende Tierkörper in
doppeltem Nachteil gegenüber dem schwimmenden; denn weder
gibt ihm die gasförmige Atmosphäre kräftigen Rückhalt, noch
vermag sie sein spezifisches Gewicht nennenswert herabzusetzen.

Vogel und Insekt sind auf die einzige Kraft ihrer Be-
wegungsorgane angewiesen; sie müssen die Schwierigkeiten des
Flugs durch mancherlei Anpassungen im Körperbau besiegen.
Die fliegende Lebensweise modelt den Leib der Flieger bis in
die kleinsten Einzelheiten um; sie stählt die Muskeln, weitet
die Atemorgane, schärft das Auge und entwickelt durch von
Augenblick zu Augenblick wechselnde Anforderungen an die
Intelligenz die geistigen Eigenschaften der ihr unterworfenen
Geschöpfe. Dadurch erhebt sich die Leistung, der Flug, zur
vollkommensten Ortsbewegung; er steigert sich zur Eile des
Sturms und läßt an Wirkung und Erfolg den Gang auf dem Erd-
reich und das Schwimmen im Wasser weit hinter sich zurück.

Die Anpassung an den Flug bedeutet für das tierische Lebewesen eine einseitig gerichtete morphologische Ausbildung.
Doch sind die Anforderungen, die das Leben im freien Luftraum
an den Flieger stellt, so anspruchsvoll und vielseitig, daß die
Organisation des fliegenden Geschöpfes mannigfaltig genug bleibt,
um ihm andere Wohnräume zu erschließen und andere Bewegungsformen zu gestatten.

Der Flug fordert nicht notwendigerweise den Verzicht auf
das gewandte Schreiten auf dem festen Boden, nicht auf das
geschickte Klettern auf dem Baum und am Fels und nicht auf
das Schwimmen in Bach und Teich. Ente und Schwan gleiten
auf dem Spiegel des Sees und durchmessen mit dem Flügel rüstig
die Luft; im Schoß des Wassers tummelt sich unermüdlich eine
Schar flugsicherer Käfer, und die Meister der Kletterkunst,
Specht und Mauerläufer, wissen ihre Schwingen gar wohl zu
gebrauchen. Andere Flieger allerdings, die Libellen und die

Schmetterlinge, gewisse Vögel, die Flêdermäuse, und die Flugechsen der Vorzeit haben die Möglichkeit der Bewegung auf dem
festen Untergrund ganz oder fast ganz verloren. Sie sind zu
einseitig spezialisierten Flugtieren geworden, zu Flugmaschinen,
die den Erdboden und Baum nur noch als Ruheplatz, als Brutstätte und als Ausgangspunkt zu neuer Fahrt benützen.

Mit dieser weit getriebenen Anpassung verfällt auch das
fliegende Tier dem Schicksal aller allzu einseitig spezialisierten
Geschöpfe. Es büßt die Harmonie des Körperbaus und das
Gleichgewicht der Leistung ein; weite Lebensräume verschließen
sich ihm, und die betretene Bahn in die Atmosphäre wird zur
blind auslaufenden Sackgasse, auf der es keinen morphologischen
und physiologischen Fortschritt mehr gibt, und aus der kein
Weg zurückführt. Die zum Luftschiff erstarrten Lebewesen
verlieren alle weiteren Entwicklungsmöglichkeiten; die auf den
höchsten Gipfel getriebene Flugbereitschaft führt den fliegenden
Stamm zum Untergang. So wird der Flug dem Flieger zuletzt
zum Verhängnis.

Innerhalb den Legionen der Insekten und dem Heer der
Vögel nimmt die Tüchtigkeit des Flugs stufenweise zu, und es
erwacht zugleich das Bestreben und die Fähigkeit, die fliegende
Lebensführung den verschiedensten Zwecken dienstbar zu machen.
Die Flieger werden zu Flugspezialisten mannigfaltigster Art; es
bildet sich eine Fülle von Flugformen heraus. Mit dieser biologischen Vielseitigkeit geht die gestaltliche Anpassung natürlich
Hand in Hand, und es wächst die Formenzahl der Flieger zu
erstaunlichem Reichtum an.

Der schöpfenden Kraft ist es nicht gelungen, auf geradem
Wege das Problem des Flugs tierischer Körper zu lösen, auf den
ersten Wurf einen guten Flieger zu erschaffen, einen Winden-
schwärmer etwa, der pfeilschnell durch die Nacht schießt und
dann plötzlich wieder mit schwirrendem Flügel vor der stark
duftenden Geißblattblüte steht, oder sein Gegenstück im Reich
der Vögel, den Kolibri, der wie ein leuchtendes Juwel aufblitzt
und wie ein belebter Edelstein vor seltsamen, nie welkenden
Blumen schwebt.

Rastlos suchend und tastend schritt die Natur vorwärts;
mancher Anlauf wurde genommen, mancher Versuch gewagt
und wieder als untauglich verworfen, mancher Irrweg betreten

und wieder verlassen, bevor der erste Flügel sich selbstbewußt
in die Luft erhob.

Auf diesen verwickelten Pfaden der· Schöpfung zu folgen,
mag dem vorliegenden Aufsatz gestattet sein. Doch handelt es
sich keineswegs darum, die physikalische Frage des Flugs zu
stellen und zu ergründen und kaum darum, die morphologische
Grundlage des Fliegens, den anatomischen Bau und die Genese
der Flugwerkzeuge, der Flügel, zu erläutern. Uns beschäftigt
der Flug als Lebenserscheinung, nach seinem Aussehen, seinen
äußeren Eigenschaften und nach seiner Bedeutung und Wirkung
für das geflügelte Tier im Naturganzen. Flugvermögen und
fliegende Lebensweise, ihre ersten Anfänge und ihre spätere
Vollendung liefern uns den Stoff zu biologischen Betrachtungen.
Die gestaltliche Schilderung soll bescheiden zurücktreten und
nur soweit zu Wort kommen, als sie sich zur Erklärung der Lebensvorgänge als unentbehrlich erweist.

Einer eigentümlichen, in ihren biologischen Erfolgen nicht
bedeutungslosen Art des Flugs muß zunächst in zwei Worten
gedacht werden, der ganz- oder halbpassiven Vertragung und
Verwehung von Lebewesen durch Luftströmungen. Windhauch
und Sturm sind die freundlichen Genossen und Helfer zugleich
und die Feinde des Flugs. Sie tragen auf ihren Fittigen ungezählte Keime und fertige niedere und höhere Tiere von Ort
zu Ort und säen sie in weitem Umkreis wieder aus, so daß steriles
Land und Wasser befruchtet wird und sich mit pulsierendem
Leben erfüllt. Sie spornen den Vogel auf seinem Zug zur Eile
und leihen ihm Ausdauer und Flügelkraft. Der Sturm hemmt
aber auch den Wanderflug, dem er sich brausend entgegenstemmt.
Er wirft die verirrten Völker der Steppenhühner aus den sibiri-
schen Ebenen über den Ural weit nach Mitteleuropa hinein und
verschlägt Biene, Fliege und Schmetterling auf die Firnfelder
der Hochalpen, auf die Wasserflächen der Seen, dem sicheren
Hungertod entgegen (siehe auch unter 60). Einige nicht fliegende
Geschöpfe wissen die treibende Kraft der Luft zu Nutzen zu
ziehen; der Wind leiht ihnen seine Schwingen.

Im milden Licht des Spätsommers treiben und schweben
hunderte glitzernder Silberfäden durch die Luft. Jeder Hauch
entführt sie, an jedem Grashalm und Zweig verankern sie sich
zu kurzer Rast, bis der nächste Windstoß sie von neuem löst.

Dem Laien künden diese herbstlichen »Marienfäden« eine willkommene Verlängerung der schönen Jahreszeit, den »Altweibersommer« an; der Forscher aber kennt sie als eigentümliche Flug- und Verbreitungsapparate ungeflügelter Tiere.

An jeden Faden klammert sich eine kleine, buntgefärbte Krabbenspinne. Das junge Tier ließ das zarte Tau aus seinen Spinndrüsen hervorquellen; der Wind riß und zerrte an dem immer länger werdenden fadenartigen Gebilde, und nun gleiten, von sanfter Luftströmung gewiegt, tausende von Spinnchen frei durch die Atmosphäre, die ihnen, den Flügellosen, sonst verschlossen bleibt. Daß die luftige Reise beträchtliche Strecken durchmißt, zeigt eine Beobachtung Charles Darwins. Das Schiff des englischen Zoologen wurde noch 60 Seemeilen vom Festland entfernt von Marienfäden umflattert (4).

Wenn heute zahlreiche niedere Organismen des Süßwassers, wie der trockenen Erde, Weltbürgerrecht genießen, und im Norden, wie im Süden, im tiefen Tal, wie auf hohem Gebirge zu Hause sind, verdanken sie es zum guten Teil der verschleppenden Kraft des Windes.

Den Einfluß der Luftströmungen auf dem Vogelflug beleuchten besonders klar die Zusammenstellungen des Stuttgarter Zoologen E. H. Ziegler (5). Bei windstillem Wetter erreicht die Geschwindigkeit der besten Brieftauben für Flüge auf größere Entfernungen 1100 bis 1150 Meter in der Minute. Sie steigert sich bei günstigem Wind auf 1600 und selten auf 2000 Meter, und sinkt bei widriger Gegenströmung auf den Betrag von 800 bis 300 Meter. So legten unter guten meteorologischen Verhältnissen Tauben die 30 Kilometer lange Strecke von Hildesheim bis Hannover in 15 Minuten zurück; entgegenwirkende Luftströmung verlängerte die Reisedauer für dieselbe Entfernung auf $1\frac{1}{2}$ Stunden. Ein gewaltiger Südweststurm, der genau in der Flugrichtung dahinfegte, ließ Brieftauben die 817 Kilometer von Bordeaux bis Lüttich in 8 Stunden durchmessen, und unter ähnlichen Bedingungen wurde zwischen Mainz und Plauen von den Vögeln die Windeseile von 1763 Metern in der Minute erzielt.

Den gefahrdrohenden, weitführenden Zug über Land, Gebirgswall und Meer treten manche Vögel instinktiv erst an, wenn die starke Hilfe des Sturms sie dem Reiseziel entgegenträgt. Tagelang warten die geflügelten Scharen kleiner Sänger im Frühjahr am Alpenfuß, bis der Südwind bläst und die Luftwellen des Föhns sie die hochragende Bergmauer überwinden und·den nordischen Nistplatz gewinnen lassen. Dies geht aus den Aufzeichnungen Häckers hervor und paßt gut zu der Beobachtung, daß manche ziehenden Vögel auf ihrer Fahrt windbewegte Luftschichten als Bahn aufsuchen, um so den fördernden Einfluß atmosphärischer Strömungen ausnützen zu können. Sehr oft werden die Wanderer dabei hoch emporsteigen; denn die wiederholte Erfahrung lehrt, daß die Kraft des Windes sich mit der Höhenlage im allgemeinen steigert. Nahe dem Erdboden mag die Windstärke 5 Meter in der Sekunde betragen; sie verdoppelt sich bei 2000 Metern und erreicht 14 Sekundenmeter bei 4000 Meter Höhe. Widriger Gegenwind indessen zwingt die Vögel in die Erdnähe hinab.

E. H. Ziegler (5) behält recht, wenn er den Zugvogel nicht nur mit dem mutigen Flieger vergleicht, sondern auch mit dem umsichtigen, geschickten Luftschiffer, der im Wind bald den die Fahrt fördernden Gehilfen und Freund erkennt, bald den hemmenden Feind (60).

Der passive Verschleppungsflug der Tiere, dem der Luftzug Richtung und Stärke gibt, tritt an Bedeutung weit zurück hinter dem aktiven Flug mit eigener Kraft und mit aus dem eigenen Körper gewonnenen Mitteln. Der selbstkräftigen Bewegung im Luftmeer dienen die verschiedenartigsten morphologischen Einrichtungen am tierischen Leib.

Wie verschieden aber das Ruder sein mag, mit dem ein Tier die Luft beherrscht, und wie mannigfaltigen Ursprung und Bau der Flügel besitzt, eines bleibt sich immer gleich. Alle Flieger entstammen des Fliegens unkundigen Voreltern. Der leichtbeschwingte Vogel ging im Laufe ungeheurer Spannen der Erdgeschichte aus dem Reptil hervor. Die Stammeseltern der Fledermause waren wohl vierfüßige Säuger, die kletternd das Wipfelmeer des Urwalds bevölkerten. Der fliegende Fisch, der von Ast zu Ast in weitem Schwunge fallende Frosch und Drache, das flatternde Eichhörnchen stellen am reichverzweigten biologischen Stamm nur schwache Ausläufer dar, die aus den starken Ästen echter Schwimmer und Kletterer hervorsprossen. Und als Vorfahren der zahllosen Heere geflügelter Insekten lebt heute noch die Gruppe der ungeflügelten Urinsekten, der Apterygoten. Diese Sätze bewahren ihre volle Gültigkeit, trotzdem die Paläontologie bis heute keine versteinerten Übergangsformen zwischen Flügelträgern und flügellosen Geschöpfen kennt. Sie erhalten ihre feste Begründung durch die eindeutigen Ergebnisse vergleichend anatomischer Forschung.

Die Eroberung der Atmosphäre oder die Flucht in das Luftmeer bedeutet für jedes Tier ein sekundäres Ereignis, eine verhältnismäßig späte Anpassung.

Die gewaltige, vom Flügel zu leistende Arbeit bestimmt Gestalt und Bau des Luftruders. Weitgedehnte wagrechte Flächen lenken sich seitlich am Körper des Fliegers so ein, daß sie in rascher Folge senkrecht zu schlagen vermögen. Ihre Angliederung liegt stets vor und über dem Schwerpunkt des fliegenden Körpers.

Der Vorderrand der Flugfläche versteift sich beim Insekt durch eine besonders starke Ader, bei Vogel und Fledermaus durch das Knochengerüst des umgewandelten Arms, während der Hinterrand elastisch bleiben muß. Dadurch wird die Flugbewegung gewährleistet, der Flug nach vorne ermöglicht, der Rückflug verhindert. Eine Libelle, der auch der hintere Flügelrand durch Gummi versteift wird, büßt die Flugfähigkeit vollständig ein.

Lange und schmale Flügel erzielen die stärkste Wirkung; sie tragen den Falken pfeilschnell durch die Luft und die rasche, frühfliegende Fledermaus; sie kommen der stürmischen Libelle zu und dem schwirrenden Schwärmer.

Mit der Größenabnahme des Fliegers muß naturgemäß der Flächeninhalt der Flügel relativ anwachsen, und zugleich in einer gegebenen Zeiteinheit die Zahl der Schläge zunehmen, deren es bedarf, um den Körper schwebend zu erhalten. Während die Bremse auf ein Gramm Körpergewicht 11 000 mm² Flugfläche besitzt, verfügt der fluggewaltige Seeadler für dasselbe Gewicht nur über 160 mm² Fläche. Von ungefähr gleich großen Vögeln erhält derjenige im Flug den Vorsprung, dem der verhältnismäßig größte Flügelraum beschieden ist. Die Silbermöve, eine Meisterin in der hohen Kunst, die Luft zu durchschneiden, entwickelt auf 1 Gramm Gewicht 230 mm² Flügelfläche, der plumpe Fasan begnügt sich mit 88 mm² (6).

Zur Erzeugung eines leistungsfähigen Luftruders im Tierreich stehen der schaffenden Natur zwei entgegengesetzte Wege

offen, Neuschöpfung und Umformung schon bestehender Körperteile. Den ersten beschreitet sie in der geflügelten Welt der Insekten, den zweiten im Stamm der Wirbeltiere.

Sie läßt aus der Rückenfläche des Insekts zwei Paare von
Platten hervorsprossen und schenkt so dem Tier den Flug in
freier Luft, ohne die Zahl der dem Schwimmen und Gehen dienen-
den Organe zu vermindern. Verlustlos erobert Schmetterling,
Fliege und Käfer das weite Reich der Atmosphäre.

Umständlicher und nur um den Preis schwerer Opfer erkauft
sich das Wirbeltier die Beherrschung des Luftraums. Es bezahlt
die morphologische und physiologische Bereicherung mit einer
erheblichen Verarmung. Der Flugfächer des Vogels, der Flügel
vorzeitlicher Saurier und der heutigen Fledermäuse entsteht
durch weitgehende Umwandlung des vorderen Gliedmaßenpaars;
dem Gewinn des Luftruders steht der Verlust von zwei zur Bewegung auf dem Erdboden, auf Stamm und Ast und im Wasser
tauglichen Füßen gegenüber.

Zwischen beiden Wegen klafft eine tiefe Kluft und keine
Brücke verbindet die Ufer. Nur die schrankenlos schöpfende
Phantasie des Dichters und Künstlers erhebt sich auch hier hoch
über die Wirklichkeit und ihre Gesetze. Sie verleiht dem Pferd
die Schwingen des Pegasus und der menschlichen Idealgestalt
die Fittiche von Genien und Göttern; sie rüstet den vierfüßigen
Drachen mit Flügeln aus und vermischt so im wunderbaren Er-
zeugnis frei waltender Einbildung die Attribute von Wirbeltier
und Insekt.

Als älteste Flieger kennt die Erdgeschichte die Insekten.
Sie erfüllen die Luft in bunter Mannigfaltigkeit schon im Devon,
besonders aber in der Steinkohlenzeit als fertige, leicht geflügelte
Wesen, die von den heutigen Nachkommen in keinem wichtigen
Punkt sich unterscheiden. Über die Art, wie im Laufe der Zeiten
der Flügel und der Flug der Insekten entstanden ist, gibt die
Paläontologie, wenigstens einstweilen, keine Auskunft. Fossile
Übergangsformen gegen die flügellosen Apterygoten sind un-
bekannt. Letztere treten von Anfang an vollkommen isoliert
neben ihren geflügelten Stammesgenossen auf.

Vom ersten Beginn und bis zur Jetztzeit in immer steigen-
dem Maße scheint das Heer der Insekten den Großteil der ganzen
flügeltragenden Tierwelt ausgemacht zu haben.

Jedes Insekt, so fluggewandt es später auch die Luft durchmessen mag, verläßt das Ei ohne eine Spur von Flügeln. Erst
später sprossen aus der Rückenseite von Mittel- und Hinterbrust,
als etwas durchaus Neues und Fremdes, die zwei Paare flacher,
ungegliederter Flugplatten. Aus den kleinen, zipfelförmigen
Anhängen entfalten sich, oft in kurzen Minuten, die bunten,
mächtigen Schwingen des Falters, »das Feierkleid, womit die
Natur ihre Lieblinge schmückt«.

Der Insektenflügel stellt eine dünne, elastische Platte dar;
er ist eine aus zwei unter sich verklebten Lamellen bestehende
Hautfalte, durchzogen von einem gesetzmäßigen Netzwerk von
Adern oder Rippen, die Luftröhren, Blutbahnen und Nerven
führen. Jede Rippe des Insektenflügels besitzt gewöhnlich an
ihrem dem Körper zugewendeten Ende eine eigene Gelenkfläche,
und nicht selten treten von der Brust aus besondere Muskel-
fasern zu ihr, so daß die ganze Flugplatte faltbar und entfalt-
bar wird.

Der Bewegung dieser plattenförmigen Luftruder dient eine
verhältnismäßig einfache Muskulatur von Flügelhebern und
Flügelsenkern. Doch greifen die Muskeln nur bei den Libellen
direkt an den Flügeln an; in allen anderen Fällen versieht die
Thoraxmuskulatur indirekt auch das Fluggeschäft, indem sie
durch ihre Arbeit die Rückenfläche des zweiten und dritten
Brustrings wechselweise vorwölbt und abflacht. Die Schwingungen der Thorakalwand besorgen die Bewegungen der Flügel.
So tritt Stärke und Größe der beiden hinteren Thorakalsegmente
unter den Einfluß der Flugmuskulatur, und damit entstehen
enge Beziehungen zwischen der Ausbildung der Flügel, der Kraft
und Ausgiebigkeit des Flugs und der Gestaltung der Insekten-
brust.

Die Wasserjungfern tragen zwei gleichgroße Flügelpaare und
besitzen daher eine gleichmäßig stark entwickelte Mittel- und
Hinterbrust; bei den Fliegen überwiegt der zweite Thorakal-
abschnitt, an dem sich das einzig noch vorhandene Paar von
Flügeln befestigt; umgekehrt tritt im Stamm der Käfer die Hinterbrust als Träger der flugbereiten Membranen kräftig hervor.
Flügellose Arbeitsameisen endlich und der Flugfähigkeit ent-
behrende Schmetterlingsweibchen zeigen eine nur bescheidene
Entwicklung der thorakalen Segmente.

Der Einfluß des Fliegens auf den Körperbau greift im Reiche der Kerftiere indessen noch viel weiter und tiefer. Er bestimmt die Gesetze für die ganze Architektur des Insektenleibs und schreibt die Einzelheit der anatomischen Gestaltung vor. Der Satz, daß der Vogel das morphologische Ergebnis des Beherrschens der Lüfte darstelle, behält beinahe seine volle Gültigkeit für Schmetterling und Biene, für Fliege und Käfer.

Schon im Jahre 1851 besprach R. Leuckart in einem gedankenreichen Aufsatz die gegenseitige Abhängigkeit von Bau und Leistung, den Zusammenhang von Flug und gestaltlicher Anpassung im Körper der Insekten. Die Sätze, die der Altmeister der Zoologie vor nahezu 70 Jahren über das anziehende Thema in seinem prägnanten Stil niederschrieb, haben an Gehalt und Richtigkeit auch heute noch keine Einbuße erlitten (7).

Die Ansprüche der fliegenden Lebensweise bannen die Größe der heutigen Insekten in bestimmte Grenzen. Wie im Reich der Vögel die Strauße das für die Flugfähigkeit zulässige Körpermaß überschritten haben, so stehen die umfangreichsten fliegenden Insekten der Jetztzeit direkt an der oberen Größengrenze, und manche flügellosen Riesenheuschrecken haben vielleicht die Grenzlinie schon hinter sich gelassen und damit die Begabung zum Flug verloren.

Der Flug fordert eine zweckmäßige Verteilung des Körpergewichts, er verkürzt den Leib und verlegt seine Hauptmasse in möglichste Nähe der Flügel. Wenn aber aus irgendwelchen Gründen die Verkürzung unterbleiben muß, strecken sich um so gewaltiger, wie bei den leichtbeschwingten Tagfaltern, die tragenden Flugflächen. Während das Fliegen Mittel- und Hinterbrust durch funktionelle Anpassung festigt und weitet, läßt es nicht selten das erste Beinpaar und die Vorderbrust verkümmern und entledigt damit den Flieger von unnützem Ballast.

Nicht weniger tief als in die Erscheinung und äußere Gestaltung des Insekts greift die ungeheure Anstrengung des Flugs in den inneren Bau des Körpers ein, und besonders in den anatomischen Einrichtungen offenbaren sich die morphologischen Analogien zwischen den beiden Beherrschern der Lüfte, dem Vogel und dem Kerftier.

Um dem gewaltig gesteigerten Gasaustausch fliegender Insekten zu genügen, dehnen sich die atmenden Flächen. Es spinnen sich feinste pneumatische Röhrennetze durch den Körper; Bläschen und Luftsäckchen entwickeln sich im Gleichmaß mit dem wachsenden Flugvermögen. Das Tier durchtränkt sich mit leichter Luft, und zugleich entsteht zwischen Masse und Schwere, Gewicht und Volumen ein für den Flug günstiges Verhältnis. Der ausgiebigen Atmung folgt in steil aufsteigender Kurve die Blutwärme; sie spricht damit vom energischen und raschen Verlauf der hochgetriebenen vegetativen Lebensvorgänge. Sehr oft verbindet sich mit der fliegenden Daseinsart der Besitz saugender Mundteile beim erwachsenen Insekt, auch wenn die ungeflügelte Raupe beißende Kiefer besaß. Das Auge der Flieger wird groß und weitsichtig, um den Raum vorauszuprüfen, den der eilige Flügel durchmessen wird.

Es fehlt nicht an Andeutungen, daß gewisse Insekten in vergangenen Epochen der Erdgeschichte auch an der Vorderbrust ein kleines Flügelpaar trugen. Eine Erinnerung an solche sechsflüglige Vorfahren lebt vielleicht in den lappenförmigen Anhängen weiter, die den ersten Brustring einer ceylonesischen Termite auszeichnen.

Heute aber erstrebt die Stammesentwicklung der Insekten in geduldiger Auslese und umformender Arbeit Vereinheitlichung der Flugplatten; sie sucht die beiden Schwingenpaare zu gleichzeitiger Wirkung zu zwingen, oder führt das eine oder andere Paar durch Arbeitsteilung neuer, ungewohnter Bestimmung entgegen. Bei den Bienen vereinigt sie Vorder- und Hinterflügel durch Häkchen zur einheitlich schlagenden Platte; bei gleichflügligen Faltern und Zikaden erreicht sie dasselbe Ziel durch Klammern und Falzleisten, sowie durch gegenseitige Überdeckung der sich berührenden Ränder des vorderen und hinteren Flügels. Nicht selten gerät der Hinterflügel vollständig in das Schlepptau des vorn liegenden, stärkeren Genossen. Seine Muskulatur verarmt und seine Bewegungskraft nimmt ab. Das vorn liegende Schwingenpaar aber steigert seine Leistungen zu erstaunlicher Höhe. Die zweiflüglige Stubenfliege schwingt ihr Flügelpaar 200mal in der Sekunde, während der Kohlweißling seine vier Schwingen in derselben Zeit nur neunmal hebt und senkt.

Einzig bei kleinen Libellen bewahrt jedes Flügelpaar mit gesonderter Muskulatur die Fähigkeit, sich unabhängig und selbständig zu bewegen.

Den Fliegen schenkt die Natur an Stelle des Hinterflügels kleine Schwingkölbchen (Halteren), ungeeignet, Flugarbeit zu leisten, doch geschickt, dem Flug Richtung und Steuer zu geben. Demoll (56) macht es durch Beobachtungen an Stubenfliegen, Schmeißfliegen und Rinderbremsen wahrscheinlich, daß die Kölbchen das rasche Herumwerfen des fliegenden Insekts vermitteln. Die »Schwinger« mögen auch mechanisch als Stabilisierungsvorrichtungen wirken, oder als aktiv tätige Steuerschrauben. Endlich können die Halteren vielleicht den Flug mittelbar als feinfühlende Organe des Gleichgewichtssinns beeinflussen. Sie fehlen nur den durch Schmarotzertum oder andere Faktoren flügellos gewordenen Dipteren. Werden die kleinen Organe auf einer oder beiden Körperseiten abgetragen, so schwankt die ihres Steuers beraubte Fliege in ungewollten Wendungen sich überschlagend als herrenloses Flugzeug durch die Luft. Sie stürzt zu Boden und vermag sich nicht mehr zu erheben, trotzdem die Vorderflügel unverletzt blieben.

Der Käfer erhält statt des Vorderflügels stark verhornte Deckplatten (Elytren), die den weichen Rücken des Hinterleibs wie ein Panzer aus Leder oder Pergament schützen. Dagegen wachsen die zarten Membranen des zweiten Schwingenpaars oft so gewaltig aus, daß sie in der Ruhelage unter den Flügeldecken nur gefaltet und zusammengeknickt Platz finden. Umgekehrt verkümmern sie nicht selten unter dem schützenden Hornpanzer der Elytren. In der Familie der Laufkäfer schließen sich die beiden Deckflügel zu einem mächtig entwickelten Schutzschild zusammen, während das darunter liegende zweite Flügelpaar sich zurückbildet.

Daß die Flügeldecken der Käfer auf Kraft und Geschwindigkeit des Flugs in der Regel keinen fördernden Einfluß ausüben, scheint der Versuch und ein Blick hinaus in die freie Natur zu lehren. Gelingt es doch, die Decken mancher Käfer ganz oder teilweise wegzuschneiden, ohne daß die Flugbereitschaft beeinträchtigt würde, und vermögen sich doch Formen, denen die Natur nur rudimentäre Elytren verlieh, ebenso leicht fliegend in die Luft zu erheben, wie ihre mit Horndecken wohlausgerüsteten Stammesgenossen.

Um die blühenden Doldenpflanzen fliegt in geschickten Wendungen der Rosenkäfer (*Cetonia*). Das strahlende Sonnenlicht spielt in irisierenden Farben auf dem grüngoldenen Panzer des Insekts. Eng liegen die metallenen Flügeldecken dem Rücken an; nur das zweite, häutige Schwingenpaar schiebt sich entfaltet vor und trägt den Käfer, als Flügel und Steuer zugleich, in zielbewußten Kurven von Blütentraube zu Blütentraube. An flinker Flugbehendigkeit übertrifft der Rosenkäfer die Großzahl seiner Verwandten, die beim Durchmessen der Luft die Flügeldecken weit von sich spreizen.

. Dem ersten Flügelpaar der Käfer bliebe somit für gewöhnlich die sekundäre Aufgabe, zarte Körperteile, die ruhenden Flugmembranen und den weichen Hinterleibsrücken vor Verletzungen zu bewahren.

Daneben schreiben ihm manche Autoren noch einige Bedeutung als Hilfsorgan des Flugs zu. Die Elytren würden Funktionen übernehmen, die bei den übrigen Fliegern des Insektenreichs von anderen Körperteilen verrichtet werden. Ihre weitgedehnte Fläche erleichtert das Schweben, festigt und sichert den Flug; sie verlagert durch leichte Bewegungen während des Durchschneidens der Luft den Schwerpunkt, regelt das Gleichgewicht und sorgt für Lenkung und Steuerung.

Die Flügeldecken der Käfer sollen nach der eben entwickelten Auffassung in demselben Dienste stehen, wie die Schwingkölbchen der Fliegen oder wie der langgestreckte, biegsame Leib der Wasserjungfern, mancher Schmetterlinge und Wespen, der durch seine Gelenkigkeit zum Steuer des Luftschiffs wird.

Erst in neuester Zeit hat Demoll (8, 56) den Nachweis erbracht, daß die Arbeit der Flügeldecken in manchen Fällen weit über die Funktion des Schutzes zarter Körperteile und der Sicherung und Lenkung des Flugs hinausreicht. Die Hornflügel nehmen oft unmittelbaren Anteil an der aktiven Flugbewegung. Sie schlagen beim Durchmessen der Luft von oben nach unten wie das zweite, häutige Flügelpaar, ohne indessen dabei die volle Amplitude der Hinterflügel zu erreichen. Das läßt sich an jedem fliegenden Maikäfer von bloßem Auge feststellen. Die Vorwärtsbewegung allerdings wird nur durch die Hinterflügel ermöglicht, während sich die Elytren darauf beschränken, den Käferkörper in die Luft zu heben.

Der gebieterische Zwang besonderer Verhältnisse raubt dem Insekt die in langandauerndem Streben mühsam erworbene Gabe des Flugs ganz oder teilweise. Spezielle Lebensart und Ernährung, die Ansprüche von Nahrungserwerb, von Vermehrung und Fortpflanzung machen das Fliegen für die Art unnütz oder schädlich und zerstören seine Organe schrittweise in reich abgetönter Stufenfolge.

Unter Steinen und Scherben verborgen und in dunklen Schlupfwinkeln leben am sonnenhellen Tag die Laufkäfer oder Carabiden. Ihre Flugorgane büßen die physiologische Bedeutung ein; dafür steigert sich die Behendigkeit der Beine. Viele Vertreter der blühenden Gruppe, die tausende von Arten zählt, vermögen sich nicht mehr vom Erdboden zu erheben, die metallschimmernden oder eintönig dunkelgefärbten Räuber beschleichen die Beute katzenartig zur Nachtzeit, oder ereilen ihr Opfer in hurtigem Sprung. Sie verlieren die Herrschaft über die Atmosphäre, erobern sich dafür in raschem Siegeslauf den festen Untergrund von Acker und Feld und werfen sich in ungebrochener Anpassungskraft in das Wasser, um als Schwimmkäfer Tümpel, Teich und Seeufer formenreich zu bevölkern.

Auch das Ausbeutungssystem des Schmarotzertums führt das ihm huldigende Insekt oft zu rascher Flügelrückbildung. Es fesselt Laus, Floh und Wanze an den Nahrung und Wohnung spendenden tierischen und pflanzlichen Körper und läßt die zu unstetem Flug bereiten Organe verkümmern.

Auf einsamen Eilanden mitten im Weltmeer streift die Insektenwelt die Flügel ab. Ein Drittel aller Käfer von Madeira ist ganz oder fast ganz flügellos, und der unwirtliche Archipel der Kerguelen kennt keine beschwingten Insekten. Unaufhörlich fegen Stürme über die öden Inseln. Sie drohen jeden Flügelträger in das Meer zu wehen; die Schwinge würde ihrem Besitzer zum Unheil. Fliegen, Rüsselkäfer, und selbst der einzige auf den Kerguelen lebende Schmetterling, eine Motte, besitzen keine Flügel mehr, oder haben dieselben zu nutzlosen Stummeln rückgebildet (9). Zu den seltenen tierischen Bewohnern der eisigen, vom Winde gepeitschten Popofinsel zählt die Mücke *Tipula septentrionalis* mit fluguntauglichen Flügeln. Ein Verwehtwerden des spinnenähnlichen Tierchens ist unmöglich. Dieselbe Fliege aber verfügt in anderen, gastlicheren Gegenden über normale Flugwerkzeuge. Auch die öden Schuttinseln im Polareis der Antarktis bieten fluguntüchtigen Mücken eine kümmerliche

Heimat. Wieder mag die Abwesenheit von Flügeln verhindern, daß die Insekten in die Schneewüsten verschlagen oder in den Ozean geworfen werden (10).

Hin und wieder gibt Flügellosigkeit dem einen oder andern Geschlecht sein charakteristisches Gepräge. Die Pflicht der Fortpflanzung, die der Mutter die schwere Last der Eier aufbürdet, läßt weibliche Käfer und Schmetterlinge gar oft den Flug und seine Vorteile einbüßen und führt zu weitgehender Verkümmerung der Schwingen. Beim Frostspanner ist nur das Männchen geflügelt; umgekehrt trägt nur die weibliche Feigenwespe luftdurchmessende Organe. In schwülen Gewitternächten lockt das wurmförmige Weibchen des Leuchtkäfers, dem nur dürftige Überreste einstiger Flügeldecken geblieben sind, das in der Luft schwärmende und suchende Männchen mit grünlich aus den Grashalmen schimmerndem Laternenschein.

Endlich kann die Gabe des Flugs dem Insekt nur für eine kurze Zeitspanne im Leben des Einzeltiers oder der Art beschert werden. Die Ameisen und Termiten erhalten ihre Flügel ausschließlich für die Stunden der Brautfahrt, und bei manchen Pflanzenläusen schieben sich in die lange Folge ungeflügelter Generationen regelmäßig geflügelte ein, die der Verbreitung der Spezies von Ort zu Ort, von Wirt zu Wirt, Vorschub leisten.

Mit der Größe und Beschaffenheit der Flugmembranen, mit der Verteilung und Stärke der Muskeln ändert, in unendlich sich erneuernder Fülle, das Bild des Insektenflugs, seine Geschwindigkeit und seine Ausdauer.

Das zeigt schlagend ein Beispiel aus der Schmetterlingsfamilie der Weißlinge. Die Gattung *Tachyris* überfliegt in Sturmeseile Berg und Tal; sie überholt den raschen Vogel und läßt jedes andere Insekt weit zurück. An sie schließt sich eine lange Stufenreihe verwandter Formen, die des Fliegens immer unkundiger werden, bis mit der Gattung *Lacidia* der schlechteste Flieger unter den Tagfaltern erreicht ist. Der biologischen Kette aber entspricht eine morphologische Leiter. Sie führt von den spitzen, langgezogenen Flügeln von *Tachyris* hinab bis zu den stumpf abgerundeten Schwingen von *Lacidia*, die zum sichern Flug kaum noch taugen.

Für das Kerftier gilt nicht minder als für den Vogel der Satz, daß fast jede Art sich dem geübten Auge durch die Art des Flugs verrät.

Zwischen die Grasheuschrecke, die ihre steif gespreizten Flügel nur als Fallschirm zu gebrauchen versteht, um den Sprung zu verlängern, und die ungestüme »Teufelsnadel«, die große Libelle, die selbst der nachjagenden Schwalbe entrinnt, schiebt sich eine unerschöpfliche Folge von Fliegern und Flugerscheinungen ein.

Wie wirbelndes Schneegestöber taumeln und schweben die Milliardenheere der Eintagsfliegen über dem Strom, der sie geboren, dem sie ihre Eier anvertrauen und der nach wenigen Stunden des Brautflugs zu ihrem Grab wird. Im Gold der untergehenden Junisonne tanzen die männlichen Mücken ihren Hochzeitsreigen. Wie Funken blitzen die Leiber der Tänzer in den Strahlen auf und erlöschen wieder im Schatten. Hoch über die Kronen der Eichen erhebt sich in schwerem, brummendem Flug der wehrhafte Hirschkäfer; wie ein Falke steht rüttelnd die Raubfliege in der Luft, jeden Augenblick bereit, auf die Beute zu stoßen; in unsicherem, hastigem Flattern fällt die schwachflüglige Köcherfliege von Weidenblatt zu Weidenblatt. An sonnigen Halden, über blumenreichen Waldwiesen tummeln sich die Schwebfliegen, die Bombyliden. Jetzt hängen sie sekundenlang mit raschem, schwirrendem Flügelschlag frei in der Luft vor duftenden Blüten, den Kolibris ähnlich, und senken den langen Rüssel im Flug tief in den Nektar. Dann jagen sie davon in Blitzesschnelle zu neuem Genuß, so daß selbst das Auge kaum ihre eilige Bahn zu durchmessen vermag. Zu den vollendetsten Flugkünstlern, in deren Luftbewegung Anmut und Gewandtheit sich vereint, gehören die Seejungfern. Ein älterer Forscher nennt die Libelle »eine glänzende Amazone« und bewundert sie begeistert, »in ihren tausend wechselnden Bewegungen, in ihren Drehungen, Wendungen und Rückwendungen, in den endlosen Kreisen, die sie mit ihren schimmernden Schwingen auf den Wiesen oder über dem schilfbekränzten Spiegel eines Sees beschreibt«.

Nirgends aber stuft sich das Flugvermögen reicher ab, als unter den fliegenden Blumen den Schmetterlingen. Die schwärmende Motte trägt der Flügel gerade noch von Haus zu Haus bis zum nächsten offenstehenden, erleuchteten Fenster, durch das der ungebetene Gast zum Schrecken der Hausfrau nächtlich hineinfällt; als Frühlingsbote flattert in unsteten, ziellosen Zickzacklinien der aus dem Winterschlaf erwachte Zitronenfalter über die noch vom Schnee halbbedeckten Felder; mit breiten,

fast gleichgroßen Flügelpaaren umtändeln in gaukelndem Tanz
die Tagfalter, Trauermantel und Pfauenauge die Blüten. Sie
tragen mit vollem Recht den Namen »Sommervögel«, mit dem
sie Poesie und Volksmund richtig treffend beschenkt. Dem
Nachtschwärmer verleihen die langgestreckten, schmalen Vorder-
flügel, neben denen die Hinterflügel an Größe weit zurückstehen,
Schnelligkeit und Sicherheit. Als ein beflügelter Pfeil saust der
Ligusterschwärmer durch die Dämmerung. Er weilt für Augen-
blicke nur vor dem honigreichen Blumenkelch; die in rasender
Eile bewegten Flügel werden zur summenden Wolke; im nächsten
Augenblick aber jagt das aufgestörte Insekt hinaus in die Nacht.
Plump schwebt der dem Sonnengott geweihte herrliche Apollo
über Bergmatten und dürre Halden; mit unbeweglich gespannten
Flügeln gleitet der Segelfalter um die sonnenwarmen Felsbrüstun-
gen der Jurakämme.

Die Tagschmetterlinge erwerben somit die Fähigkeit des
Gleit- und Segelflugs, eine Gabe, die den übrigen Insekten nicht
oder nur unvollkommen verliehen ist. Sie vermögen kurze
Strecken zu durchsegeln, sich gleitend auf die honigspendende
Blüte niederzulassen und sich bei aufsteigender Luftströmung
schwebend auf der Stelle zu halten. In solchen Fällen werden,
wie Demoll überzeugend nachweist (56), die dem Gleitflug
ungünstigen, mechanischen Verhältnisse des Insektenkörpers,
geringes Beharrungsvermögen und die Lage des Schwerpunkts
hinter dem Druckmittelpunkt, siegreich überwunden. Solchen
Erfolg zeitigt besondere Flügelstellung und besondere Flügelform.
Sie verwandeln den Schmetterlingsleib zu einem mechanisch
vollkommen stabilen Apparat. Ihre hohe Gleitfähigkeit und den
eleganten Schwung des Flugs verdanken die Schwalbenschwänze
dem Flügelschnitt, vor allem der schlanken Form der Hinter-
schwingen.

Aus all diesen Beispielen tritt das eine Ergebnis mit großer
Klarheit hervor, daß Flügelform und Muskelkraft das Flugbild
des Insekts mechanisch bestimmen, daß aber zugleich die biologischen Anforderungen des Wohnorts, der Ernährungsweise
und der Fortpflanzung die Erscheinung des Flugs in hohem
Grade beeinflussen.

Der treueste Freund des Insektenflugs ist Licht und Wärme.
Nur im strahlenden Sonnenglast vermag der Großteil der Kerf-

tiere die Schwingen zu lüften. Dann läßt der Falter die farbigen Flügel schillern; Völker von Hummeln und Bienen umschwärmen summend die blühenden Sträucher, und am sonnigen Rain erhebt sich nur zu den hellsten und heißesten Stunden der grünblinkende Sandläufer aus hurtigem Lauf unvermittelt zu schnellem Flug. Wenn aber das Tagesgestirn zur Ruhe geht, oder sich hinter Wolkenbänken verbirgt, sinken auch die emsigen Flügel und schlaffe Betäubung umfängt die eben noch so rastlosen Flieger. Das Heer von Taginsekten räumt das Feld der nächtlichen Schar von Schwärmern, von Käfern, die Dunkelheit lieben, und von blutsaugenden Stechmücken.

An Ausdauer und Schnelligkeit des Flugs wetteifern manche Kerfe mit dem leichtbeschwingten Vogel.

Man hat versucht, die Geschwindigkeit des Insektenflugs abzuschätzen und zu berechnen. Das Männchen des Abendpfauenauges durchmißt in der Sekunde 6 Meter, die Biene etwa 10, die Stubenfliege 1,5—2 Meter; die Bremsen umschwärmen die Pferde mit mindestens 4 Metern Sekundengeschwindigkeit, und gutfliegenden Libellen gelingt es, ihre Eile in der gedachten Zeiteinheit von 4 bis auf 15 Meter Geschwindigkeit zu steigern.

Mit diesen älteren Angaben mögen die als Mittelwerte aufzufassenden Zahlen verglichen werden, welche Demoll in neuester Zeit (56) durch Beobachtung gewann.

Insekt:	Geschwindigkeit in Sekundenmetern:
Schwärmer	bis 15
Rinderbremse	bis 14
Agrion	14 (normal 1—2)
Libellula depressa	normal 4, schneller Flug 6—10
Mistkäfer	7
Hummel	3—5
Pelzbiene	4
Honigbiene ♀	3,7
Schwalbenschwanz	3,5—4
Vanessa C-album	3,3
Junikäfer	3,3
Maikäfer	2,2—3
Schlammfliege	2,7
Schmeißfliege	2,7

Insekt:	Geschwindigkeit in Sekundenmetern:
Stubenfliege	2—2,3
Weißling	1,8—2,3
Sandkäfer	2,2
Vespa germanica	1,8
Köcherfliege (*Phryganea striata*)	1,2
Perlenauge	0,6

Plastischer als durch die Nennung bloßer Zahlen formt sich das Bild der windschnellen Insekten im Licht der alltäglichen Erfahrung. Die Stechfliegen umkreisen und begleiten das in stürmischem Galopp ausholende Pferd; die Hummel folgt dem einherbrausenden Schnellzug und findet noch genügend Zeit, die rollenden Wagen in vielfach geschlungenen Schleifenlinien zu umfliegen. Bekannt ist die Erzählung Leuwenhoeks von der Schwalbe, die stundenlang in einem geschlossenen Raum einer Wasserjungfer nachjagte, ohne das pfeilschnelle Insekt erhaschen zu können.

Daß mit der Flugleistung die Zahl der Flügelschläge in der Zeiteinheit steigt, wurde in anderem Zusammenhang angedeutet. Je kleiner die Schwingen sind, und je größere Schnelligkeit ihr Träger verlangt, desto höher hebt sich die Zahl der Schläge. Demoll (56) macht darauf aufmerksam, daß die Schlagfrequenz außer durch die Flügellänge und Flügelgestalt noch durch mancherlei Faktoren beeinflußt werde. »Je höher die Schlagfolge, um so rationeller arbeitet das Tier beim Hubflug«, schreibt der genannte Autor, und zusammenfassend spricht er den Satz aus: »Bei den Insekten haben die guten passiven Schweber eine niedere Frequenz. Sie sind im großen ganzen die schlechteren Flieger (nach Sekundengeschwindigkeit gemessen). Die passiv schlechten Schweber (Hymenopteren) haben hohe Frequenzen und sind die besseren Flieger.«

Für die Richtigkeit dieser Ausführungen sprechen die folgenden Zahlen. Die Schlagfrequenz beläuft sich in der Sekunde beim Weißling auf 9, bei Libellen auf 29, beim Taubenschwanz auf 72, beim Marienkäferchen (*Coccinella septempunctata*) auf 90. Es schließen sich die Wespen mit 110, die Stubenfliege mit 190, die Honigbiene mit 200 und gewisse Hummeln mit 240 Sekundenschlägen an. Bei sehr behenden Fliegern, Nachtschwärmern, gewissen Fliegen und Hautflüglern steigert sich die Schlagzahl in der gegebenen Zeit auf 300 und mehr. Zuletzt folgen sich die Schwingungen in so eiliger Flucht, daß sie dem Auge nicht mehr erkennbar sind, dagegen dem menschlichen Ohr wahrnehmbar werden. Mit dem Flügel brummt Fliege und Hummel, summt Käfer und Biene, schnarrt die Heuschrecke und singt in hohen Tönen die Mücke. Wenn die Sonnenwärme schwer über dem Kornfeld glastet und am Waldrand die heiße Luft über blühendem Strauchwerk zittert, mischen sich alle die beschwingten Laute zu einem jauchzenden Jubellied der belebten Schöpfung. Jedes Insekt verfügt über eine eigene Tonlage seiner Flügelstimme; Experimente bestätigen, daß die Zahl der Flügelschläge sich mit der der Physik wohlbekannten Schwingungszahl des erzeugten Flügeltons deckt.

Es muß vor allem als das Verdienst Mareys und seiner Schule gelten, die sehr verwickelten Bewegungsvorgänge des Insektenflügels während des Flugs dem Verständnis näher gebracht zu haben (11, 52, 59). Immerhin bleibt es zukünftiger Forschung vorbehalten, auf diesem schwer zu erleuchtenden Gebiet noch manches Dunkel aufzuhellen. Unmittelbar nach dem Abflug beschreibt die Flügelspitze des Insekts eine komplizierte Kurve, die in den allgemeinen Umrissen der Zahl 8 ähnlich sieht. Dazu gesellen sich weitere Bewegungen und mancherlei Veränderungen der Oberflächenform des Flügels. Mit zunehmender Schnelligkeit des Flugs wandelt sich auch die Bewegungsweise der Schwingen um.

Auf die ganz besondere Bedeutung der Spitzen des Insektenflügels beim Vorwärtsflug wies Demoll hin. Die Flügelspitzen fördern das rasche Durchmessen des Luftmeers durch ihre größere Geschwindigkeit und vermöge der von ihnen durchlaufenen steileren Bahn. Im übrigen bestehen physiologische Differenzen »weder zwischen den einzelnen Flügelbezirken, noch zwischen den Vorder- und Hinterflügeln, sofern diese in ihrer Größe nicht allzusehr voneinander abweichen«.

In seiner inhaltsreichen Abhandlung über den Zusammenhang von Flugart und Körperorganisation hebt Demoll (56) als erster auch den wesentlichen Unterschied zwischen dem Flug von Vogel und Insekt hervor, so täuschend ähnlich sich das Flugbild in den beiden großen Stämmen geflügelter Tiere gestalten mag. Die Vögel verweist ihr Körperbau im allgemeinen auf den

»Drachenflug«, die Insekten auf den »Hubflug«. Bei der ersten Flugart ist das Primäre die Vorwärtsbewegung, das Sekundäre das Heben des Körpers; im Hubflug hebt sich zuerst der Körper, und erst dann folgt die Fortbewegung.

Demolls interessante Erörterungen gipfeln in den Sätzen: »Der segelnde Vogel liegt auf der Luft, das Insekt hängt in der Luft; jener wird von der Luft getragen durch Vermehrung des Druckes von unten, dieses wird von der Luft angesaugt durch Verminderung des Druckes von oben«.

»Hieraus erhellt, daß bei den Insekten die Progressivwirkung auf Kosten der Hebelwirkung geht, während dem Vogel die Progressivwirkung die Bedingung ist, um eine Hebewirkung zu erzielen. Bei dem Insekt erfordert daher das Fliegen auf der Stelle, bei dem Vogel der Vorwärtsflug den geringeren Kraftaufwand.«

Die Flugkraft läßt das Insekt die engen Schranken des Wohnorts siegreich überwinden. Sie erreicht, daß Wanderheuschrecken sogar bei Windstille noch auf 300 Kilometer vom Festland entfernte Schiffe niederfallen; sie führt zahlreiche Libellen 40 Kilometer weit über das Meer nach dem einsamen Riff von Helgoland, dem diese Flieger sonst fremd sind, trägt die tropisch verbreitete Art *Pantalea flavescens* vom australischen Kontinent 900 Meilen weit hinaus auf den Ozean und stempelt den Schmetterling zum Zugvogel und zum Weltbürger.

In warmen Sommern fliegt der schöne Oleanderschwärmer aus seiner Heimat in ungehemmter Reise über die Alpen bis nach dem deutschen Norden, nach England, Schweden und Finnland. Das prächtige Tier wurde sogar bei Riga gefangen, 1200 Kilometer von jenen milden Landstrichen entfernt, die seiner Raupe und Puppe allein günstige Entwicklungsbedingungen bieten können. Ähnlich fliegt der große Weinschwärmer aus dem Süden nach den Gestaden der Nordsee und Ostsee, und nicht selten erscheinen Immen der Mittelmeerländer auf dem nach Norden gerichteten Flug in Zentraleuropa.

Manche der flugsicheren Schwärmer haben sich die ganze Welt erobert. So lebt *Deilephila lineata* F., der Linienschwärmer, in Amerika, wie in Australien, er besitzt Bürgerrecht in Afrika, Asien und Südeuropa.

Besonders auffallend und gewaltig offenbart sich die Macht der Flügel in den Massenwanderungen der Insekten. Diese

Heerzüge verklärt gar oft der Schimmer des Rätselhaften, und zugleich spricht aus ihnen das vielfach noch unverstandene Walten unabänderlicher Gesetze. Denn nicht immer genügt der Hinweis auf drückende Hungersnot und Nahrungssuche, auf die zwingenden Anforderungen des Geschlechtslebens und der Fortpflanzung, um den unüberwindlichen Wanderdrang der Insektenheere zu verstehen und die strenge Gesetzmäßigkeit der Massenreisen zu deuten. Den Ausgangspunkt zum Massenzug ganzer Insektenvölker mögen jene individuenreichen Tanzgenossenschaften von Mücken, Eintagsfliegen und Schmetterlingen bilden, die sich aus weitem Umkreis zusammenfinden, um über dem stillen Weiher, im tiefen Schatten des Waldrandes den unermüdlichen, wirbelnden Reigen zu schlingen, oder die wie qualmende Rauchwolken den Berggipfel umflattern, den hohen Turm oder den einsam im offenen Feld stehenden Baum. In solchen Fällen trägt das gesellige Stelldichein zum voraus seinen bestimmten, biologischen Stempel. Der Tanz verrät die geschlechtliche Erregung der Tänzer; er wird zum Hochzeitsflug und führt zum Ziel der Fortpflanzung.

Ähnlich erklärt ein vortrefflicher Beobachter, C. Wesenberg-Lund (55), die Völkerwanderungen der Libellen und Schmetterlinge, wenn er schreibt: »Sie sind identisch mit den Hochzeitsreisen und Tänzen der Dipteren, Ephemeriden, Hymenopteren und Phryganiden, und erst während diesen Reisen entsteht der Geschlechtstrieb«. Massenhaftes Auftreten und dichte Zusammendrängung der Individuen einer Art soll den Wandertrieb anstacheln und zugleich dem Fortpflanzungstrieb rufen.

In geschlossenen Zügen scharen sich die jungen Libellen zusammen; das geflügelte Heer wächst von Minute zu Minute, denn von allen Seiten schließen sich, wie von einem überstarken Trieb gezwungen, den Wandermassen neue Ankömmlinge an. Die ermüdeten Flieger bekränzen während kurzer Rast Strauch und Baum mit den Guirlanden ihrer glitzernden Leiber. Dann hebt sich der Schwarm wieder zu ausdauerndem Flug. In Norddeutschland sollen, nach Blasius' Aufzeichnungen, die Libellen im Tag 13 bis 15 geographische Meilen zurücklegen. Wo die luftige Reise ihren Ursprung nahm, welchem Ziel sie zustrebt, und welche Ursachen die Wanderlust erwachen ließen, bleibt dem Beobachter meistens verhüllt. Nahrungsnot und Mangel an geeigneten Wohnstätten können den Völkerflug nicht erklären, und auch mit der Fortpflanzungstätigkeit scheint der Zug nicht immer in Zusammenhang zu stehen.

Die Libellenwanderungen werden sich in größtem Umfang unter den Tropen entfalten, deren Klima der Massenentwicklung der Insekten Vorschub leistet. Sie bleiben in Mitteleuropa eine nicht seltene Erscheinung und schränken sich nach der Häufigkeit des Auftretens und nach der Zahl der Teilnehmer in den skandinavischen Ländern sehr stark ein (54).

Besonders in Argentinien scheinen die Wanderzüge nach Zeit und Ort den Charakter der Regelmäßigkeit zu tragen. Sie setzen im Spätsommer ein, umfassen ungezählte Tausende von Individuen verschiedener Arten und richten sich unabweislich von Südwesten nach Nordosten. In diesem Falle bedeutet der Wanderflug eine Flucht vor den gewaltigen Südweststürmen, die um diese Jahreszeit über die argentinische Ebene fegen, ein hastiges Aufsuchen von schützenden Schlupfwinkeln gegen die Unbill des Klimas.

Ohne sichtbaren Anlaß, doch in gleichmäßigem Zug und wie unter dem Druck eines steten Befehls wandert einer der bekanntesten Schmetterlinge, der buntflüglige Distelfalter, ein Allerweltsbürger, der im kurzen Sommer des hohen Nordens ebensogut gedeiht, wie unter der Sonne der Tropen. Einzig Südamerika und vereinzelte kleine Inselgruppen gehören nicht zu seinem Heimatland.

Millionen der Falter finden sich zu Wanderlegionen zusammen; tausendfach schimmern und spielen die bunten Flügel im hellen Sonnenlicht, und die lebende, vielfarbige Wolke beschattet in ihrem Wirbelflug Wald und Auen.

Vielleicht noch überraschender durch die ungezählte Menge der Teilnehmer und durch den nach Zeit und Richtung geregelten Verlauf gestalten sich die Wanderzüge der Kohlweißlinge, der Nonnen und der Gammaeulen. Nach Angaben der Helgoländer Vogelwarte wirbelten im August 1882 die Eulen wie dichtes Schneegestöber während fünf Nächten nach der englischen Küste hin. Den Sommer 1917 kennzeichneten in ganz Mitteleuropa die ziehenden Wolkenschwärme der Weißlinge.

Oft erheben sich die wandernden Insektenscharen zu beträchtlicher Höhe. Sie überfliegen das Felsenjoch des St. Gotthard und queren in den Hochalpen Firn und Gletscher, und nicht selten mischen sich auf der Wanderung Schmetterlinge und Libellen, oder die Insekten gesellen sich zum Vogelzug.

Es wurde schon betont, daß die Völkerreise der fliegenden Kerfe gar oft den Schein der Gesetzlosigkeit und des bloßen tändelnden Spiels verliert. Hastig strebt sie in bestimmt vorgeschriebener Richtung vorwärts, unbekümmert sogar um den entgegenwehenden Wind. Dann lassen sich wohl auch die Ursachen erkennen, die den Anstoß zum Aufbruch der Wanderscharen gaben und zur eilfertigen, zielbewußten Wanderung.

Die schlagenden Schwingen der Hunderttausende stellen sich in den Dienst harter Notwendigkeit; der Flug wird zum Retter vor Kälte und nagendem Hunger, zum Vermittler der Liebe, zum Gründer neuer Staaten.

Nahrungsmangel vor allem, bedingt zum guten Teil durch eine ungeheure Steigerung der Individuenzahl, mag die Wanderheuschrecken veranlassen, in der dürren Zeit aus den Wüsten Innerafrikas aufzubrechen und aus den weiten Steppen am Schwarzen und Kaspischen Meer. Mit dem Aufblühen der Vegetation und ihrem Verwelken nimmt die Wandererscheinung selbst ein periodisches Gepräge an. So ziehen die algierischen Heuschrecken im Winter in die südliche Sahara und kehren in den ersten Monaten des Jahres wieder zu den aufgrünenden Futterplätzen in Algier zurück.

Unfaßbare Mengen der Tiere wälzen sich aus der übervölkerten zentralafrikanischen Heimat kriechend, springend und fliegend Tausende von Kilometern weit bis zur Küste des Mittelmeers. Der Tod hält reiche Ernte; unbeirrt flutet der Zug weiter; Millionen schließen sich neu an und erheben sich zu neuen, die Sonne verdunkelnden Wolken. Mauern und Wälle werden überklettert, Ströme überflogen oder von der lebenden Masse durchschwommen. Gleich einer Lawine wächst das Heer, und lawinengleich läßt es Verwüstung und Tod hinter sich. Ihm eilt der Schrecken voraus, und in späten Jahrhunderten noch klingt phantasievoll aus Sage und Geschichte die Erinnerung nach an die überstandene Heuschreckennot.

Von den trockenen und heißen Hochebenen des nordamerikanischen Felsengebirgs brechen die Heuschrecken in unzählbaren Scharen auf und machen nicht Halt, bevor sie die fruchtbaren Täler von Texas erreicht haben und die gewaltige Stromschranke des Mississippi. Auf etwa 2800 Kilometer kann die von den Wanderern durchmessene Wegstrecke veranschlagt werden. In einer Front von 20 Kilometern und in einer Tiefe von mehr als hundert überzog eine Heersäule der südamerikanischen *Schistocerca* das blühende, bebaute Land.

Die Quellen der Heuschreckenströme, die besonders früher Europa verwüstend heimsuchten, liegen im Gebiet der sarmatischen Steppen. Von dort vermochte die Flut nach zwei Richtungen sich zu ergießen, durch Galizien bis zur norddeutschen Küste und in letzten Wellen bis hinüber nach England, und durch die kornreichen Donauländer bis nach der Schweiz und sogar bis nach Frankreich (54).

Zur luftigen Hochzeitsreise wird der Flug den Völkern der Termiten und der Ameisen.

Aus der hochragenden Burg der Termiten quellen hunderttausende geflügelter Geschlechtstiere hervor; dunkle Insektenwolken erheben sich zu wagemutiger Luftfahrt. Wie aufleuchtende Silberplättchen schimmern Millionen rastloser Flügel. Manche Arten wählen zur Reise den lichten Tag, andere die dämmernde Nacht. Hoch geht der geräuschvolle, rasselnde und sausende Flug und senkt sich dann wieder, vom Lampenlicht angelockt, zur Erde. Durch Fenster und Türen fällt das fliegende Volk in unwiderstehlichem Gewimmel in die Wohnstätten des Menschen; die Lichter erlöschen unter dem Flügelschlag; kein Schloß und kein Riegel vermag dem Andrang des zahllosen Heers Halt zu gebieten.

Auf dem Erdboden gehen die Flügel verloren. Männchen und Weibchen finden sich; sie suchen in morschem Holz oder in lockerer Erde einen Nistplatz, und aus jedem Paar werden die Eltern zugleich und die Beherrscher eines Stammes wehrhafter Soldaten und emsiger Arbeiter. Die einzige Sorge von König und Königin liegt in der Mehrung des selbstgezeugten Volkes.

Eine kurze, freudige Brautfahrt hoch in den Lüften über dem niederen Getriebe der Erde bedeutet auch das Schwärmen der Ameisen.

Wild erregtes Getümmel herrscht im heimatlichen Nesthaufen. Geflügelte Weibchen und flügeltragende, kurzlebige

Männchen erklettern den ragenden Grashalm und das hohe Gebüsch.

Endlich löst sich der Schwarm vom Boden; zu ihm stoßen die Scharen aus benachbarten Kolonien und wie wallende Rauchwolken wogt der Hochzeitstanz um freistehende Gegenstände. Der Schwarm verhüllt in fortwährend wechselndem Reigen die Bergspitze und den Wipfel des Baums; er umflattert als dunkler Qualm den Kirchturm und begleitet als unerwünschter Glorienschein den einsamen Wanderer auf weiter ebener Heide.

Die Männchen gehen zugrunde; die Weibchen werfen gewaltsam die Flügel ab; nach kurz durchlebter luftiger Fahrt erwartet sie schwere Arbeit als Gründerinnen des Staats und Mütter des Volks.

Der Gründung neuer Staatswesen endich gilt auch der Gesellschaftsflug der Bienen. Zu ihm erhebt sich das individuenreiche Volk der Arbeiterinnen, geführt von der selbsterwählten Königin. Brausend in heißem Tumult stößt die Insektenwolke vom alten Heim ab; der helle Schwarmton erklingt, das Ziel der Fahrt aber bildet die hohle Eiche am Waldrand, der geschützte Winkel im Speicher, wo in fleißigem Schaffen eine neue Kolonie aufblühen soll.

Termiten und Ameisen, Eintagsfliegen und Pflanzenläuse verfügen über die Flugkraft nur während kurzer Zeit. Ihre Lebensdauer ist oft eng begrenzt, oder ihre Schwingen erscheinen nur für Stunden im Lebensgang des Individuums, oder nur in gewissen Generationen im Entwicklungsgang der Art. Man könnte in solchen Fällen von einem zeitweiligen Flug, von einem »Temporärflug« sprechen, im Gegensatz zu der das ganze reife Leben des Einzeltiers und der Art umspannenden dauernden Flugbereitschaft, dem »Permanenzflug«. Der Temporärflug erstrebt immer das bestimmte Ziel der Ausbreitung der Spezies und ihrer Vermehrung zu gewissen, diesem Zwecke besonders günstigen Jahreszeiten.

Die fliegende Lebensweise zeitigt für die Insekten die wichtigsten biologischen Ergebnisse; sie sichert ihnen einen auserwählten Platz in der Schöpfung und läßt sie im Wettbewerb um die Lebensbedürfnisse leichter den Sieg erringen. Der Flügel ermöglicht die Flucht vor dem Feind, gewährt Rettung vor mancherlei klimatischer Unbill und erleichtert den Überfall der Beute.

Er trägt den Schmetterling von Blüte zu Blüte, die Biene zum honigreichen Kelch, die Fliege zum schwer zugänglichen Aas und wird so mittelbar zum unentbehrlichen Nahrungsspender, der sonst verschlossene Quellen erreichen und ausnützen läßt.

Durch den Flug öffnet sich der Weg um den Erdball und der Zutritt zu nahrungsreichen, klimatisch günstigen Wohnplätzen; es bietet sich dem Flieger in weitestem Maße die Möglichkeit der Gründung neuer Kolonien und der Befriedigung des zwingenden Drangs nach räumlicher Ausdehnung, der jeder Tierart innewohnt.

Zugleich wird das fliegende Leben zur Dienerin der Fortpflanzung. Es läßt die Geschlechter zu freudevollem Schwarm sich finden, oder leiht ihnen hinfällige Schwingen zu eng bemessenem Hochzeitsflug.

Hunger, Liebe und Schutzbedürfnis finden in der Beherrschung der Luft den freundlichen Gehilfen, der sie aus der Not rettet und sie zum Genusse führt.

Ähnliche Vorteile sucht die Schaffenskraft der Natur auf anderen morphologischen Wegen für die Wirbeltiere zu erringen. Während sie bei den Insekten, in buntem Wechsel allerdings, immer wieder ein und dasselbe Thema variiert, zwei Paare dünner Rückenplatten dem Fluge dienstbar zu machen, erstrebt sie im Stamme der Vertebraten auf verschiedenen Pfaden das begehrenswerte Ziel.

Meist baut sie das vordere Extremitätenpaar zum Flügel um, der Vogel, Fledermaus und Flugsaurier das Luftmeer erobern und beherrschen läßt. Doch verwandelt sie auch die Brustflossen einiger Fische zu flügelähnlichen Fallschirmen; sie spannt zwischen den Fingern und Zehen eines Frosches der Sundainseln gewaltige Bindehäute aus, die den freien Fall im Gezweige fast zum Flug umgestalten; sie erreicht dasselbe Resultat bei zahlreichen und verschiedenartigen Säugetieren durch aufspannbare Seitenfalten, die sich längs des Körpers vom Arm bis zum Bein erstrecken, bei der fliegenden Eidechse durch einen Schirm, dessen Gerüst die Rippen und dessen buntscheckigen Überzug breite Hautsäume bilden.

Dem Zwecke einer allgemeinen Übersicht über die Flugerscheinungen im Tierreich mag es entsprechen, hier daran zu erinnern, daß die Natur in einem einzelnen seltenen Fall versucht, auch ein wirbelloses Tier mit einem Fallschirm in die Luft zu heben, der nicht dem Insektenflügel entstammt. Sie bestrebt sich, mit sehr geringem Erfolg allerdings, ein Geschöpf fliegend zu machen, dessen Wohnort, Lebensweise und Bau sich zum Fluge kaum eignet.

Ostroumoff (57) beobachtete an der Küste der Halbinsel Krim, wie sich Schwärme kleiner, grüngefärbter Ruderkrebschen bei windstillem Wetter aus dem Meer emporschnellten und in langgezogenem, flachem Bogen, gleichsam fliegend, über dem Wasserspiegel dahinschwebten, um endlich wieder in die Flut zurückzusinken. Zu solch ungewöhnlicher Leistung befähigen den Krebs seine stark und lang befiederten Extremitäten. Sie verlängern den Sprung und hemmen den raschen, steilen Fall. So wirken die Anhänge des Krebskörpers mechanisch ähnlich, wie die Flugflosse mancher Fische, die Bindehaut der Finger des fliegenden Frosches und wie der Fallschirm gewisser baumbewohnender Säugetiere und Eidechsen.

Der fliegende Krebs, *Pontellina mediterranea* Claus, bewohnt in großen Mengen die obersten Schichten des Meers; mancher seiner nächsten Verwandten übt sich in Sprüngen über die glatte Oberfläche; er selbst dehnt den Sprung zum bescheidenen Gleitflug.

Fallen, Flattern und Fliegen mögen die Hauptformen der sich immer höher entwickelnden Bewegung in freier Atmosphäre im Reich der Wirbeltiere heißen. Einen langgedehnten Fall durch die Luft führt der fliegende Fisch aus.

Es gehört zu den alltäglichen Beobachtungen, daß Oberflächenfische unter heftigem Schlagen der Schwanzflosse aus dem Wasser fahren, um nach kurzem Sprung ohnmächtig in das feuchte Element zurückzufallen. In diesem eigentümlichen Vorgang mag der erste, unwillkürliche Anlauf und bescheidene Versuch liegen, einen fremden Aufenthaltsort vorübergehend zu besetzen, der der Atmung und Bewegung der Wasserbewohner feindlich ist. Ein zweiter Schritt führt in der Eroberung der Atmosphäre ein kleines Stück vorwärts. Während des Luftsprungs entfaltet der Fisch seine breiten Brustflossen; sie werden ihm zum Schirm, der den steilen Sturz mildert und zu flachem, fallendem Gleiten über dem Wasserspiegel wandelt. Nie aber wird der Fall zum aktiven, selbstbewußten Vogelflug. Dazu reicht weder die Muskelkraft, noch der Flossenbau irgendeines Fisches aus, wenn

auch der Sprung durch die Luft sich in rascher Folge wiederholen mag und in einzelnen Fällen über hundert Meter durchmißt.

In der schweren Kunst des Fliegens üben sich die verschieden-
sten Fische des süßen und salzigen Wassers, Angehörige von im
System weit auseinanderliegenden Gruppen der formenreichen
Klasse der Knochenfische, Bewohner von Flüssen und von
Teichen, der grenzenlosen Hochsee, des Felsenufers und des
schlammigen Flachstrandes. Alle diese Kandidaten für das
Luftleben verbindet indessen ein gemeinsames Merkmal des
Aufenthaltsorts; sie bewohnen alle warme Gewässer, bevorzugen
die Tropen und werden selten in klimatisch gemäßigten Regionen,
um im frostigen Norden ganz zu fehlen.

Nur in den Kleingewässern von Afrika und Guyana wagen
Süßwasserfische ungelenke Flugbewegungen. Von den 44 Arten
des Hochseeflugfisches *Exocoetus*, die Günther aufzählt, verlassen nur drei die tropischen Ozeane, um das Mittelmeer zu
bevölkern, und nur einer von ihnen streift gerade noch die atlan-
tischen Küsten Englands und Frankreichs. Der Aufenthalt in
warmen Gewässern scheint den Fischen den Übergang in die Luft
zu erleichtern. Vielleicht spielt dabei der Umstand eine Rolle,
daß in den warmen Ländern die Temperatur von Luft und Wasser
in den Grenzschichten beider Elemente nicht wesentlich voneinander abweicht. In diesen besonderen thermischen Bedingungen möchte Möbius (12) eine der zahlreichen komplexen
Ursachen sehen, die den Übergang vom Wasser in die Luft er-
möglichen und dadurch die Entstehung fliegender Fische mit-
bedingen. Auch unter unseren kühleren Himmelsstrichen springen
die Fische fast nur dann über den Wasserspiegel, wenn Sommer-
hitze und Gewitterschwüle die Temperaturverschiedenheit von
Luft und Wasser auszugleichen beginnen.

Das tropische Westafrika, der Viktoriafluß in Kamerun,
manche Gewässer des Niger- und Kongogebiets und Algiers beherbergen den kleinen, kaum 10 cm langen Schmetterlingsfisch
Pantodon, einen der seltenen Flieger des Süßwassers. Vor
seinen Verfolgern schießt das Tierchen aus dem Wasser und
gleitet auf dem Fallschirm seiner großen Brustflossen, die lang
und spitz zulaufen, wie der Flügel eines Nachtfalters, durch die
Luft. Mit dem Schmetterlingsnetz, wie über dem Wasser schwebende Libellen, lassen sich die Fischchen fangen. Anschaulich

erzählt Boulenger: »It has now been ascertained, that this little fish flies or darts through the air and is, in fact, a freshwater flying fish ... the specimen obtained was caught by means of a butterfly-net whilst moving like a dragonfly above the surface of the water«.

Ähnlich wissen der Beilfisch, *Gasteropelecus* aus Guyana, und die verwandte Gattung *Carnegiella* ihren Feinden zu entfliehen. Aufgescheucht durchschneiden die 4—6 cm langen Tiere mit der kielförmig gestalteten Brust und mit dem Schwanz das Wasser, während sich der übrige Körper über den Spiegel hebt und die langen Flügelflossen die Fläche schlagen. Nachdem in raschem Dahinfahren etwa 10 Meter durchmessen sind, schnellen sich die Fischchen zu kurzem, freiem Flug in die Luft und schießen in geängstigten Schwärmen durch das fremde Element.

Die Flugbewegung verleiht dem Beilfisch das morphologische Gepräge. Sie gibt dem ersten Flossenpaar Flügelform und verlängert besonders seine vordersten Strahlen; sie schärft die Bauchfläche zum Kiel und legt an die riesigen Schulterblätter, die unten wie ein Brustbein verwachsen, eine außerordentlich starke Muskulatur.

Im Meer schenkt die Natur die Fähigkeit, sich in die Luft zu werfen, zwei sehr verschiedenen Gruppen von Fischen. Sie beflügelt in bescheidenem Maße einen Vertreter der »Panzerwangen«, den Flughahn (*Dactylopterus*), der felsige Küsten und seicht auslaufende Ufer bevölkert, und sie läßt den Fallschirm sich flugbereiter entfalten beim Hochseeflieger *Exocoetus*, einem gewandten Schwimmer der weiten, offenen Fläche, dessen Körperzuschnitt Schnelligkeit und Kraft verrät.

Vier Flughahnarten charakterisieren das untiefe Wasser der heißen und gemäßigten Meere. Eine von ihnen, *Dactylopterus volitans*, lebt im Mittelmeer. Sie fällt dem Besucher von Fischmarkt und Aquarium durch die mächtig vergrößerten Brustflossen auf, deren Strahlen bis zur Schwanzwurzel reichen, und durch das schreiend bunte Kleid. Rote, blaue und gelbe Farben, wie sie das lichtdurchstrahlte Küstengebiet so oft hervorbringt, herrschen vor, und die grellen Töne schillern in mannigfach wechselnden Metallreflexen.

Vom Verfolger angegriffen, springen die Fische aus dem Wasser. Die großen, farbenreichen Flossenflügel entfalten sich, doch nicht zu gleitendem Flug, sondern nur, um als Fallschirm die Wucht des Rücksturzes zu brechen. Der Flughahn trägt seinen Namen zu Unrecht, er fällt, ohne gleiten oder gar fliegen zu können, und es erscheint als überflüssige Vorsicht, die Aquarienbecken mit Netzen zu bespannen, um die Flucht der »fliegenden« Fische zu verhindern. |

Von den verschiedenartigen Bewohnern des Meers und des Binnenwassers, die vor dem Angreifer in das dem Fisch so feindselige Element der Luft sich flüchten, hat es keiner im Fluge weitergebracht als *Exocoetus*, der Schwalbenfisch alter und neuer Autoren. Aristoteles sah die Tiere »mit ihren langen und breiten Flossen schwebend über das Meer dahingleiten, ohne dasselbe zu berühren«, und Plinius vergleicht ihr Gleiten dem Flug der Schwalben. Seit dem Altertum bis zur Jetztzeit konnte sich kein Seefahrer in warmen und tropischen Meeren der Seltsamkeit und Pracht des Schauspiels verschließen, das die Schwärme fliegender Fische dem Auge bieten.

Vor dem schnellen Schiff schießen ihre glitzernden Scharen aus dem Wasser; es schimmert das silberne Schuppenkleid, und auf den metallblinkenden Flügeln spielt sich brechend das Sonnenlicht. Wie ein Zug erschreckter Seeschwalben oder ein Schwarm fliegender Heuschrecken schweben die Fische durch die Luft; sie jagen dahin wie beflügelte Silberpfeile. Nun sinken sie in die Flut zurück, nur um sich sofort wieder zu neuer Fahrt über Wellenkämme und durch Wellentäler zu erheben. So entrollt sich dem Beschauer ein unaufhörlich bewegtes Bild, fesselnd zugleich und entzückend durch seine Fremdartigkeit und sein berückendes Farbenspiel. Der englische Weltumsegler Cook widmet den fliegenden Fischen die begeisterten Worte: »Wenn man sie vom Kajütenfenster aus betrachtet, sind sie unbeschreiblich schön, denn dann sieht man sie unterhalb und von der Seite, und diese glänzt wie geglättetes Silber«.

Nachts vollends, wenn im tropischen Meer Myriaden von Lebewesen phosphoreszierend aufblitzen und verlöschen, oder in mildem, verschwimmendem Glanz ununterbrochen leuchten, werden die nassen Leiber der Flugfische zu funkensprühenden Raketen. Vor dem bewundernden Auge entzündet sich und verglimmt ein phantastisches Feuerwerk der Natur.

Gewöhnlich führt der Flug den Fisch 20—30 m weit durch

die Luft; günstige Richtung und Stärke des Windes aber, sowie ungewöhnliche Kraft des Fliegers mögen die luftige Fahrt bis zu 150 und 200 m dehnen. Seitz (13) will sogar Flugstrecken bis zu 450 m Länge beobachtet haben. Unter gewöhnlichen Verhältnissen wird jedoch E. v. Martens mit den Worten recht behalten: »Die Weite des Flugs wechselt innerhalb enger Grenzen, sie scheint für einen Sprung zu groß, für wirklichen Flug zu klein, zu wenig veränderlich«.

Über die Zeitdauer des Flugs berichtet wieder Seitz. In 36 Fällen beobachtete er eine maximale Flugzeit von 18, eine minimale von 0,25 Sekunden; doch sollen sich größere Fische vor dem fahrenden Schiff auch eine Minute und länger über dem Wasser halten und dabei einen Weg von mehr als $^1/_4$ Seemeile zurücklegen können. Im allgemeinen aber scheint der Flug knapp 10—15 Sekunden zu dauern.

Geschreckt vom daherbrausenden Dampfer fahren die Geschwader der Exocoeten aus dem Wasser. Ihr sturmschneller Flug erhebt sich gewöhnlich etwa 2 m über den Spiegel; er folgt dem Relief der Wellentäler und Wellenberge und durchschneidet die Schaumkronen der Wogen. Dem Kiel des Fahrzeugs weichen die Flieger aus; sie sollen es wenigstens bei Tag auch verstehen, Hindernissen auszuweichen und nicht ungeschickte Kurven zu beschreiben, um dem Feind zu entwischen.

Bald berührt die flachgespannte Flugbahn das Wasser wieder; der Schwanz des Fisches taucht in das feuchte Element zurück und gibt durch kräftige Seitenschläge dem Körper Impuls zu frischer Luftfahrt. So wiederholt sich das Spiel von Steigen und Sinken, der Wechsel von Eintauchen und Auftauchen; wie flache Steine schiefern die Fische über das Meer und fallen zurück, um in der Flut Antrieb zu erneutem Fluge zu holen. Hin und wieder stürzt etwa ein Schwarm der geängstigten Flieger prasselnd auf das Verdeck des hohen Schiffs als willkommene Bereicherung der einförmigen Matrosenkost. Der Sturm wirft die Tiere an Bord, oder das brennende Licht lockt die großäugigen Fische, so daß sie durch die engen Lucken hineinfliegen und zur Überraschung der Passagiere hilflos auf dem Kajütenboden hüpfen und zappeln.

Exocoetus zählt zur Familie der Hornhechte (Scomberesociden). Die großen, hervortretenden Augen, die kräftigen Flossen, der schlanke geschmeidige Leib verraten den Schwimmer an der

Fläche des freien, küstenfernen Wassers, und zwei Eigentümlich-
keiten des äußeren Baus bekunden den zum Flug vorausbestimm-
ten Luftreisenden. Einmal die ungewöhnlich großen und zu-
gespitzten Vorderflossen, die bei manchen Arten zu $2/_3$ der Körperlänge auswachsen. Diese Gliedmaßen bewegen sich freier und
selbständiger als bei den Verwandten an einem sehr starken,
von dicker Muskulatur umhüllten Knochengürtel. Sie eignen
sich ausgezeichnet zu Tragflächen für den Gleitflug; als Wasserruder sind sie dagegen unbrauchbar. Beim Schwimmen legt
denn auch der Schwalbenfisch das Brustflossenpaar fächerartig
zusammengeklappt an den Leib, um jede das Vorwärtskommen
hemmende Reibung möglichst zu vermeiden. Auch die Bauchflossen dehnen sich nicht selten stark; sie vermögen durch Umfang, Form und Lage die Tragflächen des Fallschirms beträchtlich zu vergrößern.

Besonders auffallend gestaltet sich bei den gut fliegenden
Exocoeten die Schwanzflosse. Ihr Unterlappen wird unmäßig
groß und erhält dadurch ein starkes Übergewicht über den oberen
Flossenabschnitt. Es bildet sich somit eine senkrecht stehende,
asymmetrische Platte aus, die durch rasches, peitschendes Schlagen
in der Horizontalebene den Fischkörper gegen die Wasserfläche
treibt und in starkem Schuß aus dem Meer herausfahren läßt (14).
Der Schwanzbewegung dient die überaus kräftige Seitenmusku-
latur des Fischkörpers.

Im Augenblick, wo das feuchte Element in schräg nach oben
gerichtetem Anlauf verlassen wird, und der sturmschnelle Sprung
durch die weniger Widerstand bietende Luft beginnt, breiten sich
auch die an den Leib geschmiegten Brustflossen zu weiten Schirmflächen aus. Sie erzittern zuerst noch passiv unter dem Einfluß
der schlagenden Endflosse. Das Vibrieren wiederholt sich, so-
oft der Schwanz im Laufe des Flugs in das Wasser zurücktaucht,
und ein kräftiges und schnelles Schlagen von neuem einsetzt.
So werden dem Beobachter Flatterbewegungen vorgetäuscht.

Als selbsttätige Flügel vermögen die Brustflossen von *Exocoetus* nicht zu wirken. Zu aktiver Leistung und rapidem Schlag
wäre ihr ganzer Mechanismus ungeeignet, ihre Muskulatur viel
zu schwach, ihre Länge unzureichend. Sie stellen gespreizte,
unbewegliche Fallschirme dar, in denen sich der Wind fängt,
und die den flachen Bogensprung über dem Wasser zu verlängern

vermögen. Eigenmächtiges Flattern oder gar Fliegen vermitteln
die Flossen nicht. Wohl mögen sie im Laufe der Sprungbahn
in rascher Vibration erzittern, doch nicht unter selbstgewollter
Arbeit, sondern nur, wie ein flatterndes Segel, unter dem Wechselspiel von Winddruck und eigener Elastizität (15).

Mit dieser Auffassung des Fischflugs deckt sich auch die Beobachtung, daß auf Deck liegende, mit der Hand in die Luft
geworfene oder an Schnüren aufgehängte Schwalbenfische außer-
stande sind, sich fliegend zu erheben. Es fehlt ihnen der Antrieb
zum Sprung, das Schlagen der Schwanzflosse gegen das Wasser.
Durch die Wrickbewegung geben sich die Fische eine Anfangsgeschwindigkeit von höchstens 15—20 Sekundenmetern. Sobald
diese Geschwindigkeit gleich Null wird, erlahmt auch der Flug,
dem keine aktiven Flossenschläge zu Hilfe kommen. Einzig
günstig wehender Wind vermag den Fisch, wie einen Papier-
drachen, längere Zeit schwebend in der Luft zu erhalten.

C. Möbius (12) trifft mit seiner auf sorgfältige Beobachtungen von lebenden Exocoeten und auf morphologische und
physiologische Erwägungen gegründeten Ansicht das Richtige.
Er betont, daß die Wege der fliegenden Fische durch die Luft
keine Flugbahnen, sondern Wurfbahnen bedeuten, »deren Form
und Länge abhängt von der Größe der Anfangsgeschwindigkeit,
sowie von der Körperlast und von der Ausdehnung und Neigung
der tragenden Flächen der Brust- und Bauchflossen des Fisches.
Die Werfer des Körpers sind die stark ausgebildeten Seiten-
rumpfmuskeln«. Den die Luft durchgleitenden Wasserbewohnern
würde also besser die Benennung »Fallschirmfische« als »Flugfische« ziemen. Es mag allerdings vorkommen, daß der Gleitflug der Fische durch die Tragkraft von über den Wellen aufsteigenden Luftströmen für eine kurze Strecke zum passiven
Schwebeflug wird; nie aber wandelt er sich zum durch eigene
Arbeit des Fliegers erzeugten, aktiven Ruderflug.

Die Auffassung älterer Autoren, A. v. Humboldts u. a.,
daß die Brustflosse des Schwalbenfisches flügelähnlich als schla-
gendes Luftruder arbeite, fällt dahin. Sie ist in neuer Zeit noch
einmal von A. Seitz (13) verfochten worden und hat Anlaß zu
einem lebhaften Streit der Meinungen gegeben.

Den Sprung aus dem Wasser unterstützt *Exocoetus*, nach
dem eben genannten Autor, durch eilige Flatterbewegungen, die

auch während des Flugs durch die Luft nicht aufhören. Nur der absteigende Ast der Bahn wird ohne Flügelbewegung durchmessen; sobald der Weg wieder ansteigt, setzen auch die Flossenschläge in rascher Folge erneut ein (16).

Daß die Gewohnheit des Flugs im Reiche der Fische aus alter Übung entspringt, zeigen die Untersuchungen Abels an fossilen Schmelzschuppern der Triaszeit (17). Den großflossigen Gattungen *Thoracopterus* Bronn, *Gigantopterus* Abel und *Dollopterus* Abel kam in jenen weit zurückliegenden Epochen der Erdentwicklung Flugvermögen zu. Aus jüngeren Formationen dagegen sind mit genügender Sicherheit fliegende Fische nicht bekannt. Schon in der geologischen Vergangenheit mag die Kunst des Fischflugs eine hohe Stufe der Vollkommenheit erreicht haben; denn mindestens zwei der genannten Triasgenera waren in mancher Hinsicht weit vorteilhafter an das Durchmessen der Luft angepaßt, als *Exocoetus*, der beste Flieger der heutigen Meere. Doch auch sie kannten nur den Drachenflug und verstanden es nicht, mit den Flossen aktiv die Luft zu schlagen.

Der Flug der Meerfische ging aus doppelter Quelle des Wohnorts und der Lebensführung hervor. Er entstand am flachen Schlammufer oder im seichten Korallenmeer und prägte die Gestalt des Flughahns, und er nahm seinen Ursprung auf der freien Wasserfläche und in pelagischen Vorfahren und erzeugte den Schwalbenfisch der Jetztzeit und die drei Flugganoide der Trias.

Im Süßwasser blieb der Flugversuch auf tiefer Stufe stehen, denn Pantodon darf noch nicht als durchgreifend zu Ende spezialisierter Vertreter der Flugfische gelten. Seine Brustflossen sind verhältnismäßig kurz; sie reichen kaum bis zur halben Körperlänge. Die enge Begrenzung von Teich und Fluß; die verhängnisvolle Gefahr der Ufernähe, die den dem Wasser entstiegenen Flieger mit Untergang bedroht, sorgen dafür, daß sich Flugeinrichtung und Flugkraft im Kleingewässer des Binnenlandes nur zu bescheidener Höhe entfalten.

Ob indessen der Flug der Fische vom Süßwasser ausgehe oder vom Meer, eine Eigenschaft charakterisiert ihn einheitlich, seine biologische Bedeutung. Er stellt immer eine Flucht vor dem Feinde dar, vor dem Verfolger, der schwimmend den Fischschwärmen nachstellt, oder vor dem gefiederten Räuber, der auf die Wasserfläche herabstößt, um seine Beute aus der Flut zu holen. Wenn im Frühjahr die Exocoeten zum Laichgeschäft sich gesellig zusammenfinden und in ganzen Heeren der Küste zuwandern, folgen den Scharen in hungriger Hast die räuberischen Delphine, die Thunfische und die Goldmakrelen. Dann suchen die Gehetzten Rettung und Heil in der Luft, sie tauchen aus dem Wasser empor, umgekehrt wie die vom Jäger beschlichene Ente sich auf den Seegrund flüchtet. In der Luft allerdings lauern andere Feinde. Sturmvögel, Pelikane und gewisse Falken jagen den Flugfischen vom frühen Morgen bis zum späten Abend erfolgreich nach. Sie überfallen ihre Opfer in der obersten Wasserschicht. Auch diesen Piraten des Luftraums entwischen die Fische am sichersten durch den immer wieder sich ablösenden Wechsel von Flug und Eintauchen, und indem sie vor dem herabstürzenden Räuber nach allen Richtungen fliegend auseinanderstieben (18). Nicht selten allerdings erinnern die Flugübungen der Schwalbenfische an übermütiges Spiel. »Das Fliegen«, so schreibt Brehm, »gehört zum Leben dieser Fische, und sie benützen ihre Fähigkeiten nicht mehr und nicht weniger als andere Tiere.«

Das Prinzip des Fallschirms, das dem Fisch zum Schweben über dem Wasser verhalf, wird von zahlreichen Landtieren, Amphibien, Reptilien und Säugern mit Erfolg zur Erzielung eines langsam fallenden Gleitflugs verwendet. Die Natur stattet mit passiv wirkenden Tragflächen vor allem Baumbewohner, Meister der hohen Kletterkunst aus.

Auf den dichtbelaubten Kronen der Bergwälder Javas, Borneos und Sumatras lebt in zahlreichen Arten die Froschgattung *Rhacophorus* oder *Polypedates*. Die Haftscheiben am Außenende der absonderlich langen Finger und Zehen verraten den gewandten Kletterer, die schlanken, muskelstarken Hinterbeine, die Kopf und Rumpf an Länge übertreffen, den geschickten und wagehalsigen Springer; die bunte Färbung, die Blatt, Zweig und Stamm nachahmt, kennzeichnet das Baumtier. An Hand und Fuß spannen sich ungeheure, nicht selten bis zu den äußersten Spitzen der Finger und Zehen reichende Schwimmhäute aus.

Gewöhnlich allerdings meidet der Frosch das Wasser; er steigt nur selten von Baum und Strauch hinab. Solange die Sonne ihre Strahlen durch das Gezweige fallen läßt, und Licht und

Schatten ein grelles Wechselspiel treiben, färbt sich das Kleid
des Lurchs in den reichsten Abstufungen grüner Töne, vom
hellen Lauchgrün bis zur sattgrünen Malachitfarbe, und in mannigfaltiger Schattierung von Gelb, Orangerot, Weiß, Blau und Schwarz.
In der Ruhestellung richten sich alle grüngefärbten Körperteile
nach oben, während sich die weißen und schwarzen Farben unter
dem Bauch, oder in den Falten der Extremitäten verstecken.
Dann hebt sich der breit auf dem Blatt klebende Froschkörper
kaum merklich von der Unterlage ab. Er täuscht einen großen,
von runzligen Windungen durchfurchten Epiphyten vor, einen
Halbschmarotzer, der unter den Tropen so häufig auf Bäumen
wuchert.

Sobald sich aber die Dunkelheit über den Urwald legt, erlöschen auch die bunten Farben des Tagkleides. Die leuchtend
grünen Hautpartien färben sich in eintöniges Graugrün und
Olivenbraun um. Erst dann, zur Nachtzeit, erwacht das scheinbar so träge Tier zu beweglichem Leben. Nun schwingt sich
Rhacophorus auf der Jagd oder auf der Flucht vor dem Feinde
in weiten Sprüngen von Ast zu Ast; die behenden Bewegungen
folgen sich rasch und sicher. Beim Sprung spreizen sich zugleich
Finger und Zehen, so daß die ungeheuren Schwimmhäute sich
entfalten, und in sanftem, durch die Schirmflächen verlang-
samtem Fall gleitet der Frosch von der Baumhöhe zur Tiefe.

Die Bindehäute an den auch in ihren Skeletteilen stark verlängerten Händen und Füßen übernehmen somit beim Flugfrosch
die Arbeit des durch die Luft tragenden Fallschirms. Reichste
Kapillarnetze sorgen für ihre Ernährung, und freigebige Ausrüstung mit Hautdrüsen verhindert ihre Austrocknung. Trotz
der speziellen Anpassung an die Bedürfnisse des Baumlebens
haben die Häute die Fähigkeit, Schwimmarbeit zu leisten, voll
beibehalten. Sie dienen dem fliegenden Frosch gelegentlich als
mächtige Wasserruder.

Über die Flächengröße der Flughäute von *Rhacophorus* herrsch-
ten lange Zeit stark übertriebene Vorstellungen. Jüngst hat
Siedlecki, der zwei Arten des Flugfrosches im Botanischen
Garten zu Buitenzorg beobachtete und die Ergebnisse seiner
Studien in einem interessanten Aufsatz zusammenfaßte, durch
Berechnung zuverlässige Zahlen gewonnen (19). Die Unterfläche
eines lebenden Frosches mittlerer Größe maß 6200 mm²; bei

demselben Tier betrug die ausgebreitete Flughaut eines Vorderfußes 375 mm², diejenige eines Hinterfußes 675 mm². Solche
Flächenentfaltung vermag gar wohl die Fallgeschwindigkeit
eines leichten Fliegers zu vermindern. Das erwachsene Männchen von *Rhacophorus* wiegt nur 6—8,5 Gramm, das Weibchen
16—19 Gramm. Zudem bläst der fliegende Frosch im Sprung
die Lungensäcke auf und erzielt dadurch eine weitere Vergrößerung der Körperfläche ohne gleichzeitige Gewichtszunahme (20).

Auch über Weite und Dauer des Froschflugs gibt Siedlecki
mancherlei Aufschluß. Ein vom flachen Boden aufgescheuchter
Rhacophorus durchspringt oder durchgleitet mit gespreizten
Fallhäuten eine Strecke von 1,5—2 Metern und braucht zu dem
etwa 20 Zentimeter ansteigenden Sprung die Zeit von $^1/_4 - ^1/_3$ Sekunde. Während des Dahingleitens von Zweig zu Zweig gelingt
es dem Springer in bescheidenem Maße die Fallrichtung durch
Steuerung zu verändern und den Flug durch Schlagen der Hinterbeine in der Luft zu stabilisieren.

Über die hohe biologische Bedeutung des Gleitflugs für die
Baumfrösche der Sundainseln kann kein Zweifel aufkommen.
Der unvermittelt einsetzende Weitsprung bringt dem Frosch
Rettung vor den Feinden, vor der schleichenden Baumschlange
und vor den Marabus. Er erlaubt zugleich aussichtsreiche Jagd
auf die Beute, die für *Rhacophorus* zum guten Teil aus scheuen,
nächtlich lebenden Grillen besteht (21).

Den volltönenden Namen »fliegender Drache« (*Draco volans*)
tragen harmlose, an Größe kaum unseren heimischen Eidechsen
gleichkommende Saurier des Südens und Ostens der Alten Welt.
Es sind gewandte, kletternde Waldbewohner Ostindiens, der
Molukken und größeren Sundainseln, die ohne zwingende Not
nie von ihrer Heimat, dem Wipfel, zum Boden hinuntersteigen.
Angeschmiegt an Stamm und Ast erlauern sie geduldig die Insektenbeute. Dem Braun und Grau der Rinde entspricht die
eintönige Färbung des Reptils. Wenn aber ein Käfer vorbeifliegt, eine summende Fliege oder eine Libelle, ändert sich das
Bild mit einem Schlag; das mißfarbene, rissige Rindenstück
belebt sich, es entfaltet sich jederseits der von fünf oder sechs
Rippen gestützte halbmondförmige Fall chirm, der zusammengeknittert am Körper lag, und in langem, pfeilschnellem Flugsprung, einer großen Heuschrecke nicht unähnlich, gleitet die

Eidechse 10—20 Meter weit durch die Luft. Sie weicht allen Hindernissen aus, erhascht ihr Opfer mit nie fehlender Sicherheit und landet endlich genau am gewünschten Ort, und wieder faltet sich der Fallschirm. Der Sprung fällt zuerst schräg nach unten, um sich, dem Ziele nahe, wieder etwas in die Höhe zu heben.

Draco muß nach dem Urteil zahlreicher Beobachter zu den »Fallschirmfliegern« gerechnet werden. Doch baut sich der Schirm des Miniaturdrachen in eigentümlicher, im übrigen Tierreich völlig unbekannter Weise auf. Sein Gerüst bilden horizontal ausgebreitete, unmäßig verlängerte Rippen, seinen Überzug Seitenfalten des Leibes, die den Arm ganz frei lassen und vom Bein nur den obersten Teil des Oberschenkels in sich einbeziehen. Die so geformten Organe lassen sich wie Fächer entfalten und schließen; sie sind aber unfähig, Flügelschläge auszuführen.

Zu ganz anderen Schlüssen über die Bewegung der fliegenden Eidechsen in der Luft gelangte in neuester Zeit Denninger, gestützt auf Beobachtungen, die er auf der Molukkeninsel Buru anstellte. Für ihn ist *Draco* kein Fallschirmflieger, sondern ein Luftschiff halbstarren Systems. Beim Flug bläht sich die Haut von Kehle und Bauch des kleinen Sauriers durch Luftaufnahme stark und straff auf. Aus dem Tier wird ein länglicher, flacher Ballon, dem die Rippen als breite Stützen dienen. Nach der glücklichen Landung entleert sich der Luftball, und der Flieger fällt schlaff zusammen. Geringes Gewicht und verhältnismäßig große Fläche würde somit *Draco* erlauben, die Luft auf weite Strecken zu durchgleiten (22).

Aus dem unscheinbaren, rindengrauen Geschöpf macht der Flug ein farbenschillerndes Prunkstück. Wie ein schöner Edelstein, so schreibt ein begeisterter Augenzeuge, Flower, fliegen die männlichen Drachen über das Haupt des Beschauers. Auf dem meergrünen Untergrund schimmert metallisches Dunkelbraun und Rosenrot; die Glieder und der Schwanz tragen schwarze und rote Querbänder; die Flanken spielen in gelben und rosigsilbernen Tönen. Besondere Farbenpracht aber ziert die Flügel. Ihre Unterseite färbt sich beim Weibchen gelbgrün mit zartroten Makeln und schwarzen Flecken; beim Männchen herrschen in reicher Abstufung kobaltblaue bis hellblaue Tinten. Oben bemalt sich der Fallschirm orangerot oder gelb, mit schwarz aufgetragener Bänderung oder Fleckung. So bringt der Flug dem Drachen buntestes, entzückendes Farbenleben, die Ruhe kalten, grauen Tod.

Außer *Draco* haben die Reptilien der Jetztzeit die Bewegung durch die Atmosphäre verlernt; denn was von fliegenden Schlangen und Geckos berichtet wird, bedarf noch ausdrücklicher Bestätigung. Gewisse Kletterschlangen der malayischen Inseln sollen fähig sein, ohne besondere Hilfsorgane von einem Baum zum andern auf große Entfernungen schnell wie ein Wurfgeschoß in schräg absteigender Richtung dahinzugleiten. Bei diesem fallenden Schlangenflug wölbt sich die Bauchfläche zur tiefen Längsrinne ein, und der Körper streckt sich zu einem starren Stab (23).

Als ein Kletterkünstler von staunenswerter Fertigkeit gilt der Faltengecko (*Ptychozoon homalocephalum* Crodt) von Java, Sumatra und Borneo und von der benachbarten malaiischen Halbinsel. Mit schwer faßbarer, selbstverständlicher Sicherheit geht das Tier an überhängenden Stämmen, an der Unterseite der Äste und im Gewirr der Zweige, der Schwerkraft scheinbar spottend, nächtlich seiner Beute nach. Breite, mit Schuppen bedeckte Hautsäume begleiten Kopf, Rumpf und Gliedmaßen. Sie mögen vielleicht beim Sprung von Ast zu Ast als wirkungsvolle Fallschirme dienen; doch kann ihre Bedeutung ebensogut darin liegen, das in gefahrdrohender Lage klebende Geschöpf durch Flächenvergrößerung fester an der Unterlage zu verankern (24).

Fliegender Frosch und fliegender Drache vermögen ihren Fallschirm nur zu gebrauchen, wenn sie den Sprung von hoher Baumkrone zur Tiefe, von oben nach unten wagen. Es ist ihnen versagt, sich von der Erde aus durch einen Sprung emporzuschnellen und dann die Schirmhäute zum »Flug« zu spannen, wie es der Feldheuschrecke gelingt oder dem fliegenden Fisch, der in starkem Anlauf aus dem Wasser schießt. Frosch und Eidechse müssen den Ausgangspunkt der Luftfahrt zunächst durch Kletterarbeit erklimmen. Die Fallhaut verlängert den Sprung und mildert den Sturz; nie eignet sie sich dazu, das Geschöpf emporzuheben, oder in luftbeherrschendem Flug schwebend zu erhalten.

Dasselbe gilt für die mit Fallschirmen ausgerüsteten Säugetiere. Auch sie müssen in geschickter Kletterei Baum und Fels ersteigen, um den Absprung zum gleitenden Fall ausführen zu können. Ihre Zahl ist keine geringe; ihre Heimat liegt weit auseinander auf dem Erdball, und ihre Verwandtschaft verweist sie in die verschiedensten Gruppen des Säugetierstammes.

Australien und die umliegende Inselwelt beherbergen die Flugbeuteltiere; in den Wäldern des tropischen Asiens und der Sundainseln sind mardergroße Flugeichhörnchen zu Hause. Sie werden kleiner in Nordasien und Nordamerika und in den borealen Teilen des europäischen Rußlands. Westafrika besitzt in seinen Urwäldern die Flugbilche. In Hinterindien, auf den Molukken, den Philippinen und den Sundainseln, an Orten also, wo der »Flug« im Reich der Wirbeltiere die größte Verbreitung gewinnt, wo sogar Frosch und Eidechse fliegen lernt, lebt der fliegende Maki, der Pelzflatterer. Systematisch nimmt das seltsame Tier eine Sonderstellung ein; es zeigt verwandtschaftliche Beziehungen zu den Halbaffen, den Insektenfressern und den Fledermäusen und muß vielleicht als Vertreter einer besonderen Ordnung betrachtet werden.

Aus den eben zusammengestellten Daten erhellt der Reichtum des tropischen Asiens an Fallschirmtieren. Viel ärmer an vierfüßigen »Fliegern« erweist sich Afrika, und Südamerika fehlen die fremdartigen Geschöpfe ganz.

Allen Fallschirmsäugern ist das eine Merkmal gemeinsam, daß sich die den Schirm bildenden Hautfalten zwischen den etwas verlängerten Vorder- und Hinterbeinen ausspannen und durch die Streckung der Gliedmaßen funktionsbereit gemacht werden. Die Finger und Zehen tragen Kletterkrallen; denn der Wohnort der fliegenden Säugetiere ist der Stamm und der Ast, ihr heimatliches Königreich der geschlossene, weitgedehnte Wald. In zahlreichen Fällen verleiht ein langer, freier und buschiger Schwanz als vortreffliches Steuer dem Sprung Richtung und Sicherheit.

Wie weite Räume aber auch der Flug der Fallschirmträger überbrücken mag, er führt immer nur von oben nach unten, vom Gipfel des Baumes etwa bis zum Fuß oder niederen Zweig des nächsten Baumes. In nie fehlender Eile erklimmt der Flatterer von neuem den Stamm, um sich von der Krone aus wieder der Luft anzuvertrauen. So wird die Bewegung des Tiers zu nicht rastendem Wechselspiel zwischen eilfertigem Klettern und fallendem Fliegen.

Das einzige Schwebetier unter den europäischen Säugern ist das Flughörnchen Nordrußlands. Die lichten Birkenwälder Sibiriens, in die sich rotschimmernde Lärchen und hellglänzende Espen einstreuen, sind die Lieblingsheimat des kleinen, zierlichen Geschöpfes. Auch in Skandinavien und im Helldunkel des finnischen Waldes lebt das Hörnchen noch da und dort. Seine Verwandten, Angehörige der Gattung *Sciuropterus* (*Pteromys*) bevölkern in zahlreichen Formen einen großen Teil der nördlichen Erdhälfte. Sie wachsen in den ausgedehnten Waldungen von Ostindien und Ceylon fast zu Katzengröße heran, liefern Japan und Kaschmir eigene Arten und verlassen in Tibet den Baum, um ihre Kletterkünste mehr am Fels zu erproben.

Das Flughörnchen ist ein Freund von Nacht und Dunkelheit. Es schmiegt sich am Tag, silberglänzend wie die Birkenrinde selbst, an den schimmernden Stamm und glotzt den Verfolger unbeweglich mit großen, sanften Nachtaugen an.

Erst mit der Dämmerung erwacht das Tierchen zu quecksilbernem Leben. Jetzt klettert es nächtlich von Ast zu Ast, springt von Stamm zu Stamm, und turnt spielend in verwegener Seiltänzerei an den dünnsten Zweigchen. Es taucht in Dunkelheit unter, dann gleiten für einen Augenblick wieder silberne Mondstrahlen über das grauseiden glänzende Fell.

In behender Kletterei ersteigt das Hörnchen die höchste Baumkrone und wagt es endlich, die Flughaut zu spreiten, und vom Schirm wie von einem entfalteten Mantel getragen, in rätselhaftem, geräuschlosem Flug schräg abwärts durch die Luft zu segeln. Ein an der Handwurzel sitzender Knochensporn hilft den Fallschirm stützen und spannen, und der 10 Zentimeter lange, buschige Schwanz, der sich an den kaum 16 Zentimeter langen Leib fügt, erlaubt es dem Flieger, den Sprung zu steuern und ihm plötzliche Wendung zu geben.

Bis zu Längen von 30 Metern dehnt sich die Fahrt durch den Raum. Auf dem Erdboden jedoch schiebt sich der Kletterer und Schweber unsicher wie eine Fledermaus vorwärts; die nachgeschleppten, schlaffen Flugfalten hindern seine freie Bewegung. Erst der nächste Baumstamm gibt ihm wieder Gelegenheit, seine beinahe unglaubliche Kletterfähigkeit zu zeigen.

Wie eine niedere Vorstufe der Behendigkeit des Flughörnchens nimmt sich das Klettern und Klimmen, der halbfliegende

Weitsprung von Ast zu Zweig aus, den das gewöhnliche Eichhorn in unsern Tannenwäldern übt.

Über den gewaltigsten Fallschirm unter den Säugetieren verfügt der Pelzflatterer oder fliegende Maki (*Galeopithecus volans* L.). Die stark muskulöse und behaarte Hautfalte beginnt am Hals; sie umhüllt die Gliedmaßen bis hinaus zu den kräftigen Kletterkrallen und springt sogar zu dem bei anderen Flattertieren frei hervorragenden Schwanz über. Ihre Leistungsfähigkeit und Tragkraft entspricht der großen Ausdehnung.

Mit gefalteten Flughäuten klettert der 60 Zentimeter lange Flattermaki geschickt hinauf zum Baumwipfel; er läuft zur Astspitze und wirft sich in kräftigem Schwung hinaus in die Luft. Zugleich werden alle vier Gliedmaßen ausgestreckt. Die gespannte Fallhaut bricht den jähen Sturz und trägt den kühnen Springer in schief abwärts gleitendem Schweben zum nächsten Baum. So überwindet das Tier fliegend bis zu 70 Meter lange Strecken.

In Australien passen sich Vertreter der biologisch so schmiegsamen Beuteltiere dem Stamm und Ast an. Sie ersteigen waghalsig die hohen glatten Baumsäulen der Eukalypten und wetteifern in Turnkünsten mit den Eichhörnchen und den Affen anderer Erdteile. Einige unter ihnen rüsten sich mit seitlichen Fallschirmen aus und üben den weitausgreifenden Flugsprung.

Auf dem australischen Kontinent, besonders in Neusüdwales und auf der großen Insel Neuguinea, leben weitverbreitet mehrere Arten des zierlichsten Beuteltiers; die Gattung trägt den auf die verwegene Kletterkunst anspielenden Namen *Acrobates*.

Das Tierchen ist einer der kleinsten bekannten Säuger, erreicht es doch knapp eine Länge von 14 Zentimetern, wovon mehr als die Hälfte auf den Schwanz fällt. Während des Tags verbirgt sich das niedliche Geschöpf in den hohlen Ästen der Gummibäume; sobald aber die Dämmerung anbricht und die dunkle Nacht, läuft es in emsiger Hast oben und unten an den Zweigen; es umkreist die Äste, eilt mühelos und ohne Rast an senkrechten Stämmen empor und schwingt sich im Weitsprung mit entfalteter Flughaut von Blütenbüschel zu Blütenbüschel des Eukalyptus, um aus den Kelchen den honigsüßen Zuckersaft als leckere Nahrung zu naschen.

Zu den anmutigsten und zugleich gemeinsten Bewohnern des australischen Busches, aus dem in weiten Abständen sich die Gummibäume erheben, zählt das fliegende Beuteleichhorn, das »Zuckereichhörnchen« der ersten Ansiedler. Ein neuzeitlicher Erforscher Australiens, R. Semon, weiß von dem beweglichen, seidenhaarigen und sammtweichen Tierchen und seinem nächtlichen Leben eine anziehende Beschreibung zu geben. Er schildert, wie es in der stillen Mondnacht über das verglimmende Lagerfeuer der Reisenden von Baum zu Baum schwebt, ohne daß der sanft gleitende Flug je den Boden berühren würde. »Auf dem hohen Eukalyptus«, so erzählt Semon, »breiten sie ihre Flughaut aus und gleiten in geräuschlosem Flug abwärts auf einen entfernten Baum, dessen Wipfel sie sofort wieder erklimmen. So sah ich sie zuweilen Entfernungen von 40—50 Meter Durchmesser durchschweben; niemals verfehlten sie ihr Ziel, und sie sind sogar imstande, mitten im Fallflug abzuschwenken und sich auf einen anderen Baum herabzulassen, als auf den, welchen sie sich ursprünglich als Ziel ausersehen hatten«.

Zu solcher Leistung befähigt den Flugbeutler wieder die Fallschirmhaut. Sie wirkt ausgespannt der Schwerkraft entgegen, nützt dieselbe zu fördernder Ortsbewegung durch das Luftreich aus, ohne selbsttätig arbeiten zu müssen (26).

Alle landbewohnenden Fallschirmtiere sind ausgezeichnete Kletterer. Das gilt für den fliegenden Frosch so gut wie für den Drachen, für das Flughörnchen wie für den Pelzflatterer und für die Flugbeutler. Ihr Reich ist der Wald, ihr sicherer Pfad der schwanke Zweig und der zerbrechliche Ast. Die Anpassung an den Baum kann so weit gehen, daß sich das Tier dem Erdboden vollkommen entfremdet. So bleiben die in den großen Wäldern südlich der Sahara beheimateten Flugbilche auf der flachen Erde hilflos liegen, ohne auch nur einen Fluchtversuch zu wagen, während sie an der glatten Rinde des senkrechten Stammes mühelos hinauflaufen und an der Unterseite des Astwerkes gewandt wie Akrobaten turnen. Im weiten, sicheren Sprung über Lichtung und Waldlücken spannen die mausgroßen Tierchen mit einem am Ellbogen befestigten Knorpelstab die Fallhaut.

Dem Aufenthalt im Wipfelmeer der Wälder paßt sich auch die Farbe des von den Fallschirmtieren gewählten Kleides an.

Sie ahmt das Grün des Blattes und die bunte Blüte nach, oder hüllt den Träger in das einförmige, vor Nachstellungen schützende Grau und Braun der Rinde.

Auch die nächsten Verwandten der Schwebetiere verstehen sich ohne Ausnahme auf das Klettern und auf das weittragende Springen. Als eine Steigerung der Kletterfähigkeit zur höchsten Vollendung muß der Erwerb eines Fallschirms erscheinen. Und in der Tat erreichen die meisten kletternden Tiergruppen in einzelnen Vertretern diesen letzten Gipfelpunkt körperlicher Ausbildung und physiologischer Leistungsfähigkeit. Einzig das Volk der Affen unter den größeren Abteilungen baumbewohnender Säugetiere brachte es nicht zum Besitz des Fallschirms.

Daß die Tropen einen besonders kräftigen Anstoß zur Entstehung der Fallschirmtiere geben mußten, begründet sich im Charakter ihres Pflanzenkleides. Nur in tropischen Gegenden vermag sich die Baumvegetation in voller Kraft zu entfalten. Der üppige Pflanzenwuchs, das Übergewicht der Holzgewächse über die niedere Welt der Kräuter, die endlos sich dehnenden Urwälder heißer und feuchter Gegenden mußten die Tierwelt in das wogende Meer der Gipfel hinauflocken, sie die Kletterkunst lernen lassen und den Kletterern die wichtige Eigenschaft schenken, durch Schutzfärbung sich vor dem lauernden Auge des Feindes zu bergen und für die ahnungslose Beute unsichtbar zu werden. Flucht und Angriff aber wurden durch den Erwerb des Fallschirmes beflügelt.

Das schwebende Fallen mit ausgespanntem Schirm, der weite Flugsprung von Stamm zu Stamm mag für die Flughauttiere mancherlei Erfolge zeitigen. Doch bleibt die Bewegung durch die Luft mit dem Fallschirm unselbständig, und ihrer zeitlichen Dauer und räumlichen Erstreckung sind gar enge Grenzen gezogen. Sie mutet an wie eine biologische Vorübung zum unbegrenzten Flug selbstherrlicher Flieger. Die freizügige Beherrschung der Atmosphäre setzt viel weitergehenden Umbau des Tierkörpers und viel tiefergreifende Neuschöpfung voraus, als sie durch den Erwerb passiver Fallhäute bedingt wird.

Die höchste Stufe der Vollkommenheit erklimmt der Flugapparat und mit ihm die Flugbereitschaft erst, wenn sich die vordere Extremität des Wirbeltiers zum aktiv schlagenden Luftruder, zum Flügel umformt. Damit entwickelt sich zugleich die Bewegung in der Luft zum freien, von einem festen Stützpunkt unabhängigen Schweben; sie überwindet alle Grenzen, während der Sprung mit dem passiv ruhenden gespreizten Fallschirm, soweit er auch reichen mag, doch immer in die starren Schranken des geschlossenen Baumbestandes gebannt ist.

Allen echten Fliegern, den Vögeln wie den Fledermäusen und den versteinerten Flugechsen liefert das Skelett der vorderen Gliedmaßen die Hauptstütze des Flügels; alle kennzeichnet eine außergewöhnliche Verlängerung einzelner Handteile. In diesen Punkten spricht sich ein scharfer Unterschied zwischen dem Flügel und dem Fallschirm der Vertebraten aus. Die einzelnen Abteilungen aber der flügelstarken Wirbeltiere schreiten beim Umbau von Arm und Hand zu Flugwerkzeugen ihre selbständigen, scharf gezeichneten Wege.

Dreimal gelingt der nie rastenden Schöpfungskraft der große Wurf, den Wirbeltierkörper auf die oben angedeutete Weise vom Erdboden vollständig zu lösen und ihm durch Schwingen das Reich der Lüfte zu erschließen. Zuerst in weit zurückliegender Vergangenheit, in der Sekundärzeit der Erdgeschichte. Damals entstand die phantastische Gruppe der Flugsaurier, der Riesen unter allen fliegenden Tieren. Neben der Gattung *Pteranodon*, deren Vertreter die Flügel bis fast zu 9 Meter Weite entfalten konnten, erscheinen sogar der weitspannende Albatros und der mächtige Geier der südamerikanischen Anden, der Kondor, der ungefähr 2,75 Meter klaftert, als schwächliche Zwerge. Doch fehlen unter den etwa 60 Arten von Pterosauriern auch die Pygmäen von Sperlingsgröße nicht. Abgesehen von ungenügend bekannten Vorläufern in der oberen Trias charakterisieren die Flugechsen Jura und Kreide. Sie stellen einen durchaus selbständigen Zweig des einst so reich entwickelten Stammes der Reptilien dar und liefern das klassische Beispiel einer Tierabteilung, die unvermittelt in typischer Prägung den Schauplatz des Lebens betritt, sich zur Blüte entfaltet und plötzlich zugrunde geht, ohne in der Tiergeschichte blutverwandte Nachkommen zu hinterlassen.

Mancherlei Funde von Pterosaurierresten, die eingeschwemmt in marinen und brakisch-limnischen Schichten vom Rhät bis zum Ende der Kreide liegen, werfen auf Gestaltung und Bau der Flugreptilien ein genügend helles Licht und gestatten

Rückschlüsse auf Leistung und Leben der längst ausgestorbenen Flieger. Besonders erwünschten Aufschluß gewähren die in neuerer Zeit in Nordamerika gehobenen Überreste von Riesenformen.

Schon die ältesten Arten der eigentümlichen Tiergruppe verfügen über ein wohlentwickeltes Flügelpaar. Eine federlose Flughaut (Patagium) läuft längs der Körperseite vom Arm bis zur Hinterextremität und heftet sich an den Armknochen und an dem in ganz erstaunlicher Weise verlängerten innersten, fünften Finger an. Das Patagium erhält so ungefähr die Gestalt eines dreieckigen lateinischen Segels; es spitzt sich in vielen Fällen nach außen lang und schmal zu und erinnert damit an die Schwingen der fluggewandten Schwalben oder Möven. Dem Flugfinger kommt es allein zu, die Flügelfläche zu spannen; der zweite, dritte und vierte Finger bleiben kurz und tragen kräftige Krallen. Im Gegensatz zu den Fledermäusen streckt sich bei den Pterosauriern nur ein kleiner Teil der Hand zum Zweck, den Flügel aufzunehmen.

In den ungeheuren Zeiträumen der Juraepoche und der Kreide entwickelt sich das Flugorgan langsam aber stetig im Sinne einer Steigerung der Segelfähigkeit. Der Flugfinger dehnt sich; das Patagium wird schmaler und länger. Hand in Hand mit dem erdgeschichtlichen Prozeß der Schwingenentfaltung geht die Reduktion des Schwanzes, der Verlust der Bezahnung und die Erstarrung der Rumpfwirbelsäule. Trias und unteren Jura kennzeichnen langschwänzige Pterosaurierformen. Von ihnen trägt die bekannte jurassische Gattung *Rhamphorhynchus* am hinteren Schwanzende eine wagrecht eingestellte, blattförmige Segelmembran, ein Höhensteuer vielleicht, oder wohl eher eine der Stabilität des Fluges dienstbare Vorrichtung. Im oberen Jura bereitet sich die Blüte der kurzgeschwänzten Flugdrachen vor. Sie herrschen unbedingt in der Kreidezeit, und mit ihnen stirbt die seltsame Schöpfung der fliegenden Saurier aus.

Kurz bevor der Stamm zu Grabe geht, in den obersten Kreideablagerungen, bei den Gattungen *Pteranodon* und *Nyctodactylus*, bricht sich vollkommene Zahnlosigkeit Bahn. Es wird damit gerade noch vor dem Untergang des Stammes ein Zustand erreicht, der sich heute im gewaltigen Heer der geologisch alten Flieger, der Vögel, vollkommen durchgesetzt hat, bei den neueren

Flugtieren indessen, den Fledermäusen, sich einstweilen noch in keiner Weise ankündet.

Mit der fortschreitenden Ausgestaltung der Schwingen dürfte auch die im Stamm allmählich zunehmende Starrheit der Rumpfwirbelsäule zusammenhängen. Die vorderen Rückenwirbel und die Wirbel des Sacrum verwachsen schrittweise zur festen Einheit.

Noch in anderer Richtung mehren und verstärken sich in der paläontologischen Reihe die der fliegenden Lebensweise entsprechenden Merkmale der Pterosaurier; die Kennzeichen des flüggen Vogels stellen sich ein. Die Wirbel und die Extremitätenknochen der großen Flugreptilien umschließen lufthaltige Hohlräume; bei den gewaltigsten Formen der Kreidezeit wird ihre Wandung papierdünn. Auf dem Sternum erhebt sich nicht selten, wenigstens am vorderen Ende, ein senkrechter Fortsatz, der dem Brustbeinkamm geschickter und andauernder Flieger in der Klasse der Vögel verglichen werden kann. Selbst der Gedanke Haeckels und Seeleys läßt sich nicht ohne weiteres von der Hand weisen, daß die kräftigsten Flieger unter den Reptilien, ähnlich wie heute der unstete und bewegliche Vogel, warmblütig gewesen seien.

Aus all diesen Einzelzügen bildet sich für die Riesenformen der letzten Kreidezeit, die Pteranodonten Amerikas vor allem, das Bild einer fast übermäßigen morphologischen Anpassung an das Flugleben heraus; diese gigantischen geflügelten Lebewesen werden, nach dem Ausdruck Königs (28), zu einem gewaltigen Flugapparat »mit ganz wenig lebendem Fleisch in dem beinahe zur Maschine erstarrten Haut- und Knochengerüst«.

Ein packendes Beispiel der zum Äußersten getriebenen Fluganpassung bietet das riesenhafte *Ornithostoma ingens* aus den obersten Kreideablagerungen von Kansas. Die gestreckten, schmalen Flügel maßen, nach der Schilderung Meisenheimers (28), 9 Fuß in der Länge und besaßen eine Fläche von etwa 25 Quadratfuß. Sie hatten den verhältnismäßig kleinen und leichten Körper zu tragen (Gewicht 25—30 Pfund). Die Hinterextremitäten waren schwach entwickelt und dienten nur zur Stütze der Flughaut, doch nicht mehr zum Gang auf der Erde. Dazu kommt, daß die Knochen des ausgestorbenen Riesen im höchsten Grade pneumatisch waren, mehr, als bei irgendeinem Vogel der Jetztzeit. Der große, von der Wirbelsäule in scharfem Winkel

abgeknickte Kopf endete nach vorn in einem langen, unbezahn-
ten Schnabel, der vielleicht vogelartig von Hornscheiden umhüllt
war. Meisenheimers Ausspruch erscheint gerechtfertigt, *Ornithostoma ingens* sei der spezialisierteste Vertreter der fliegenden
Organismen aller Zeiten gewesen. In der extremen Anpassung
liegt aber zugleich als naturnotwendige Folge das Todesurteil
für den Stamm der Pterosaurier; denn der bis zum Ende be-
schrittene Weg morphologischer Anpassung lief blind aus und
gab keine Möglichkeit weiteren Fortschritts oder des Rückschritts.

Mit den Pteranodonten erringt die Gruppe der Flugdrachen
das riesigste Körpermaß und die höchste Flugtüchtigkeit; sie
erreicht damit zugleich aber auch ihr fatales Ende. Ihre Erb-
schaft, wenn nicht in leiblicher Hinsicht, so doch in biologischer
Beziehung als Beherrscher der Lüfte, traten die Vögel an. Gleiche
Lebensweise und dadurch bedingte gleichgerichtete Entwicklung
prägen den erloschenen fliegenden Riesenreptilien manche Ähn-
lichkeit in Erscheinung und anatomischem Bau mit den Vögeln
auf. Für wirkliche Blutverwandtschaft beider Stämme luft-
durchmessender Tiere aber sprechen höchstens schwachgestützte
Hypothesen. Die Pterosaurier stehen sehr wahrscheinlich der
Klasse der Vögel, wie den übrigen Ordnungen der Reptilien,
selbständig gegenüber (29).

Innerhalb der Abteilung der Flugsaurier erschließt sich, abgesehen von den beträchtlichen Größenunterschieden, eine bunte
Vielgestaltigkeit von Erscheinung und Bau, die wieder deutlich
genug auf eine große Mannigfaltigkeit von Leben, Ernährung
und Flugart hinweist. Dem Kopf gab der formenreiche Schnabel
ein sehr wechselvolles Aussehen, das bald an den Kolkraben,
bald an die Schnepfe, und dann wieder an den Tukan erinnert.
Verschiedene Körpergröße und verschiedener Schnitt der Flügel
ließ Ausdauer und Bild des Flugs in weitgesteckten Grenzen sich
bewegen. Manche Drachen mögen sich nur ungeschickt und auf
kurze Strecken in der Luft bewegt haben. Ihre Heimat war
der sandige Strand und das seichte Flachufer, ihre Nahrung die
schlammbewohnende Kleintierwelt, die vielleicht das auslesende
Sieb des reusenartigen Sauriergebisses passieren mußte. Die
verhältnismäßig breiten und plumpen Flügel vermittelten wohl
nur wenig ausgiebigen Ortswechsel; der Bewegung im untiefen
Wasser dienten vortrefflich die großen Stelzfüße.

Andere Pterosaurier flogen wahrscheinlich unstet, wie Fledermäuse, und wieder andere dürften an Kraft und Zielbewußtsein des Flugs mit den bestfliegenden Vögeln der Jetztzeit gewetteifert haben.

Die Giganten *Ornithostoma* und *Pteranodon* werden weittragenden Segelflug geübt haben. Dafür zeugen das schwach entwickelte Brustbein, die Pneumatizität der Knochen und der lange, schmale und spitzzulaufende Flügel, der der Schwalbe zum Vorbild dient, der gut fliegenden Fledermaus und dem windschnellen Schwärmer. Wie heute Albatros und Fregatte in ungemessenem Fluge über die südlichen Ozeane segeln, so mögen die Riesensaurier als vollkommenste Flieger des Erdmittelalters mühelos die Kreidemeere im Gebiet des Golfs von Mexiko und des Mississippitals nordwestlich bis nach Kansas gequert haben. *Pteranodon* dehnte seinen Flug über die offene See bis zu 160 Kilometern aus; er streifte mit seinen Schwingen die Wogen, um nach den fliegenden Fischen zu schnappen, und kehrte zur Küste wohl nur zu kurzer Ruhe und zur Eiablage zurück.

Wie ein moderner Eindecker wird sich *Rhamphorhynchus* mit den schwalbenähnlichen Flügeln und dem wagrechten Steuersegel am Ende des stabartigen, von einer starren Sehnenscheide umhüllten Schwanzes in steifem, geradlinigem Flug zur nächtlichen Insektenjagd erhoben haben. *Pterodactylus* hob und senkte vielleicht seine Flügel schon vogelähnlich zu rhythmischem Schlag.

Bei der Betrachtung vorweltlicher Riesenflieger stellt sich immer wieder die Rätselfrage, auf welchem schwierig zu beschreitenden Wege es die Natur vermag, umfangreiche und gewichtige Tierkörper schwebend in der Luft zu erhalten. In anderem Zusammenhang wurde bereits der Leuckartsche Satz eingeflochten, daß den flugfähigen Tieren, Insekten wie Vögeln, ganz bestimmte Grenzen der Körpergröße und der Körperschwere gezogen seien, und daß jenseits dieser Linien der Flug machtlos scheitere. Die Existenz von Riesenlibellen mit 70—80 Zentimeter Spannweite in den Steinkohlenablagerungen Frankreichs, und die Gegenwart gigantischer Flugdrachen in der Kreide führten E. und A. Harlé zu der kühnen, doch mit aller Vorsicht ausgesprochenen Hypothese, daß in jenen entlegenen Entwicklungsepochen des Erdballs die Atmosphäre tragfähiger gewesen sei. Die genannten

Autoren fassen ihre Ansicht in den Satz zusammen: »Les plus grands Pteranodon connus jusqu'ici ayant une envergure double de celle des plus grands oiseaux actuels, l'impossibilité de voler due à leur taille considérable aurait été supprimée par une pression atmosphérique double« (30).

Mit demselben Problem der Flugfähigkeit großer Tiere beschäftigt sich in jüngster Zeit ein gedankenreicher Aufsatz von A. Sée (31). Er schildert die ungeheuren Hindernisse, die sich mit der Gewichtszunahme des fliegenden Körpers dem Flug entgegenstemmen, zeigt, wie die Natur den Widerstand siegreich zu überwinden versteht, indem sie die Körpergestalt des Fliegers dem Durchschneiden der Luft anpaßt und das ziellose Flattern mancher Insekten durch den Ruderflug kleinerer Vögel und endlich durch den Segelflug ersetzt, den große Vögel üben, wenn der Wind ihnen Hilfe leiht.

»Grâce à l'artifice du vol à voile, la nature a pu prolonger jusqu' à dix kilogrammes la faculté du vol. Passé ce poids, elle est obligée de s'avouer impuissante; quelques essais malheureux, comme l'autruche, le casoar, l'émeu, confirment son échec.«

Mit dem Ende der Kreideepoche erlischt der einst blühende Zweig der Pterosaurier. Die Flieger der Gegenwart, Fledermaus und Vogel, gehen aus neuer Quelle hervor.

Wieder liefert in beiden Fällen die vordere Gliedmaße die Hauptstütze des Flügels; doch mit durchaus frischen und fremdartigen Umformungen.

Arm und Hand tragen bei den Fledermäusen die Flughaut; es dehnen sich die Vorderarmknochen, und zu unmäßiger Länge strecken sich der zweite bis fünfte Finger, die nur noch der Spannung des Patagiums und damit dem Flug dienen, zu jeder anderen Arbeitsleistung aber untauglich sind. Einzig der Daumen bleibt klein und sieht demjenigen der übrigen Säugetiere ähnlich. Er behält seine Kralle, so daß er beim Klettern und Sichfesthängen die ganze Hand ersetzen kann.

Im sperrigen Knochengerüst des Armes und der umgewandelten Finger hängt das nackte oder nur schwach behaarte Patagium. Die mächtige, dem Flügel eines Tagfalters an Form und Umfang nicht unähnliche Hautplatte folgt der Körperseite bis zur Hinterextremität und springt nicht selten von den Beinen noch zum Schwanz über, so daß auf diese Weise ein wenn auch wenig vollkommener Lenkapparat gewonnen wird. Dieses Steuerruder bildet sich am besten bei den Insektenfressern aus, die ihrer Beute in scharf geknitterter Bahn nachjagen müssen; es fehlt den fruchtfressenden fliegenden Hunden ganz.

Dem Fliegen fügt sich auch bei den Fledermäusen fast die ganze Körperorganisation; denn diese Tiere stellen eine alte Säugetierordnung dar. Schon vor der Eozänzeit durchmaßen sie die Luft; sie fanden Muße, sich morphologisch dem Flug anzupassen und die Merkmale nicht flügger Vorfahren abzustreifen.

Wo allerdings die Wurzeln liegen, aus denen der Zweig der Chiropteren hervorsproßte, hüllt sich einstweilen in völliges Dunkel. Ein guter Kenner der fossilen und rezenten Fledermäuse, P. Revilliod, betont nur das hohe Alter der Handflieger und die Wahrscheinlichkeit, daß die eigentümliche Tiergruppe in verhältnismäßig kurzer Zeit aus baumbewohnenden Vorfahren sich heraus entwickelte.

Heute charakterisiert die fliegend gewordene Säugetierordnung, außer dem Flügel, manches Merkmal des Schädels und die Organisation des Gesichts. Ein starker Schultergürtel stützt die Fluggliedmaßen; das Brustbein trägt nicht selten einen Kiel. Die breiten, früh verkalkenden Rippen schließen dicht aneinander. So entsteht, wie beim Vogel, ein festgefügter Brustkorb, bereit, die starke Flugmuskulatur aufzunehmen. Vogelähnlich ist auch das geringe Gewicht der Knochen, das bei den Fledermäusen allerdings nicht durch die Einführung lufthohler Räume erzielt wird.

Gegenüber dem Fallschirm der Säuger wächst die Flugfläche und ihre Bewegungswirkung bei den Chiropteren ganz beträchtlich an. Das schwebende Fallen weicht dem selbstbewußten Vorwärtsstreben in der Luft, der Sturz vom Ast zur Erde dem Heben, Senken und Drehen im freien Raum. Dafür wird die Bewegung auf dem flachen Erdboden unvollkommener und plumper; sie verdient nur noch den Namen eines elenden, schwerfälligen Dahinhumpelns. Etwas besser gelingt das Klettern mit dem bekrallten Daumen am Stamm und im Astwerk. Mit den Krallen der Hinterbeine hängt sich das Tier mit nach abwärtsgerichtetem Körper an Dachsparren und Zweigen auf, um beim Abflug die flatternden Flügel leichter breiten zu können.

Allerdings erstreckt sich der Flug der Fledermäuse in der Regel weder über allzu große Zeiträume, noch über allzu weite

Entfernungen. Er ermattet bald; nach kurzen Minuten oft schon krallt sich der ermüdéte Flieger wieder zur Ruhe fest. Nur immerwährende, schlagende Bewegung der Arme ermöglicht die Luftreise. Der Vogel fliegt, die Fledermaus flattert. Ihr mangelt die Kraft, in langedauerndem Schweben ohne Flügelschlag dahinzugleiten.

Doch stuft sich die Flugkunst auch der Fledermäuse in reicher Folge ab. Die Gestalt der Flughäute bestimmt ihren Grad und gibt ihr das für jede Art typische, biologische Gepräge. Lange und schlanke Flügel lassen die Fledermaus mit den Schwalben wettfliegen und dem Raubvogel entrinnen; Kurz- und Breitflügler dagegen fallen plump und mühsam wie Hühner durch die Luft.

Auf den engen Zusammenhang zwischen der Gestaltung der Flügel und der Qualität des Flugs bei den Fledermäusen hat in jüngster Zeit besonders P. Revilliod deutlich hingewiesen (32). Eine Fledermaus mit vervollkommneten langen und schmalen Flügeln vermag rasch, sicher und gewandt zu fliegen. Sie erhebt sich in große Höhen, führt scharfe Biegungen aus und bringt es sogar fertig, kurze Strecken im Segelflug zu durchmessen. Ein solch flugbegabtes Tier fürchtet keinen Sturm; es flattert stundenlang ohne Rast und Ruhe und beginnt seinen Flug oft schon vor Sonnenuntergang.

Dagegen vermitteln breite, kurze, wenig spezialisierte Flügel nur einen langsamen, schweren Flug, und wenn sich auch die Schnelligkeit etwa steigert, so bleibt doch der durchflogene Weg unregelmäßig und sein Verlauf ist wenig zielbewußt. Chiropteren mit derartigen unfertigen Flugwerkzeugen meiden die großen Höhen; sie erscheinen erst, wenn die Nacht anbricht, ruhen häufig aus und kehren vor dem Wind ängstlich in die Schlupfwinkel zurück.

Es ergibt sich, wie für andere Flieger, so auch für die Fledermäuse der Schluß, daß die Flugfertigkeit vom Schnitt und nicht nur von der Flächendehnung der Flügel bestimmt werde. Ein schlanker und schmaler Flügel, dessen Finger indessen im Verhältnis zum Unterarm nicht sehr stark entwickelt sind, eignet sich besser zum Flug, als ein Flügel von größerer Fläche, aber von breiterer Form. In jeder einzelnen Familie der formenreichen Ordnung besitzen die primitiveren Arten kurze und relativ breite Flügel; im Laufe der Fluganpassung des Stammes strecken sich die Flügel und gewinnen zugleich an Fläche.

Mannigfaltig, wie der Flügel selbst, gestaltet sich das Flugbild der Fledermaus, und in ihm spiegelt sich eine Fülle verschiedener Ernährungs- und Lebensweise wieder.

Im hellen Sonnenschein schon verläßt die frühfliegende Fledermaus das zerfallende Mauerwerk alter Ruinen, das Hunderten ihrer Genossen Unterschlupf gewährt. Sie kreist als kräftiger Flieger gewandt um den hochragenden Turm. Schwalbe und Mauersegler sind ihre Begleiter; ihre langen Flügel scheuen weder Sturmwind noch Gewitter. In kühnen Drehungen weiß sie das Insekt zu erhaschen, und vergeblich stößt der pfeilschnelle Baumfalke auf sie. Bald taumelt das Tier in der Dämmerung des Waldrandes; jetzt strebt es reißend zur Höhe und glänzt in den letzten Strahlen des scheidenden Tagesgestirns und taucht dann wieder in das Dunkel schattiger Mauerwinkel.

Ein zuckendes, knittriges Flugspiel um die Obstbäume vollführt die Ohrfledermaus, ähnlich wie nach Nahrung suchende Schwärmer das blühende Buschwerk umschwirren. Sie steht rüttelnd vor dem Gezweige und unterbricht für Momente den Flatterflug, um kleine Motten zu erhaschen und Spinnen auf der Rinde abzufangen. Der Lichtschein lockt sie durch ein offenes Fenster. Zitternd umkreist ihr ruhloser, unwirklicher Schatten in eckigem, hastigem Flug die Lampe und jagt wieder davon, wie ein entgleitender Traum, ein flüchtiger, kaum erwachter und schon wieder entschwundener Gedanke.

Die Dämmerung legt sich über Stadt und Feld. Sie ruft das nächtliche Volk breitflügliger Fledermäuse zu kurzen Stunden der Jagd. Gemächlich, mit zartem, lautlosem Flügel entschweben die Tiere dem Dachboden und der finsteren Ecke des Speichers. Flatternd, langsam und matt geht der ungeschickte niedrige Flug durch die schnurgerade Allee und die Flucht endloser Gassen. Er streift beinahe den Erdboden und die Wasserfläche des Teiches und erlaubt keine rasche Seitenbewegung und keine scharf abgeknickte Biegung. Bald erlahmt der unstet flatternde Flügel, der nie zu einem sicher die Luft durchschneidenden, ruhigen Gleiten verhilft.

Die geringste Flugfertigkeit erlangen die Gattungen *Rhinolophus* und *Vespertilio*, mit ihren kurzen, kaum $2\frac{1}{2}$mal so langen als breiten Flügeln.

Im Gange weiter Zeiträume hat auch der unbeholfene Fledermausflügel sich den Erdball unterworfen und seine Besitzer Schranken überwinden lassen, die sich sonst vor den Säugetieren als unüberschreitbare Grenzen erheben. Nahrungsnot allein und vor allem Insektenmangel gebietet der Verbreitung der Chiropteren Halt. Unsere geographischen Breiten allerdings kennen nur kleine und schwächliche Formen von Flattertieren, und nur einer Art — *Vespertilio borealis* — ist es geglückt, in den Polarkreis vorzudringen. Doch schon in Südeuropa, in Italien, Spanien und Griechenland und vollends im Morgenland mehren sich die Arten, und ihre Vertreter werden größer und stärker. Mit sinkender Nacht quellen die Scharen schattenhafter Flieger aus jedem Haus, aus jedem alten Gemäuer, aus jeder Felsenkluft und verdunkeln in wimmelnden Wolken Mond und Sterne. Unter den Tropen endlich erfährt die Masse des flatternden Volks ihre höchste Steigerung.

Auf manchen kleinen Inseln der Südsee vertreten die fliegenden Hunde allein den Stamm der Säugetiere. Sie bevölkern Australien und Neuguinea und haben von der ostafrikanischen Küste aus Madagaskar erreicht. Nur Neuseeland, die Sandwich- und Galopagosinseln scheinen nicht in ihr Gebiet zu fallen.

Die Flugwanderungen und Eroberungszüge der Fledermäuse nehmen auch heute noch ihren Fortgang; Hunger und bittere Not schreiben ihnen Dauer und Richtung vor und lassen die durchflogenen Strecken nicht selten auf hunderte von Kilometern anwachsen, die Schnelligkeit der Fliegenden zur Windeseile sich steigern.

So ziehen die Flughunde der Tropen nachts meilenweit, um in die Obstgärten einzufallen und die reichste Ernte von Trauben, Pfirsichen und Bananen in kurzen Stunden zu vernichten. Gegen Abend oder auch in der ersten Morgendämmerung hebt die Reise der den Tag verschlafenden Tiere an. In regelmäßigem Abstand, zu Reihen geordnet, folgen sich die einzelnen Wanderer, wie manche ziehenden Vögel. Die Scharen verfinstern die Luft, als ob ein Heer von Krähen mit schwerem Flügelschlag vorüberwalle. Gebirgszüge dienen als Wegmarken und Einsattlungen als Durchlaßpforten. Breite Meeresarme setzen der Wanderung kein Ziel. Bis zu 90 Kilometern mißt der in einer Nacht in raschem niedrigem Flug doppelt durchmessene Weg zur lockenden Früchtenahrung und zurück zur Schlafstelle (33). Die Leistung wiegt um so schwerer, als sehr oft die jungen Tiere von der um das Wohl der Kinder treubesorgten Mutter während der Fahrt an der Brust mitgetragen werden müssen.

Auch die insektenfressenden Fledermäuse ziehen in langgestreckter Reise ihrer beweglichen Nahrung nach. Sie wandern mit den Viehherden und den dieselben verfolgenden Fliegenschwärmen weit über die Steppen Zentralafrikas und zur Zeit der Dürre hoch hinauf in das noch grünende Gebirge.

Die Parallele der Fledermausfahrten mit dem Wanderflug der Vögel wird vollständig, wenn Zeit und Richtung des Zuges sich gesetzmäßig nach dem Wechsel von Sommer und Winter richtet.

Sobald der Herbst durch die ersten Fröste die Insektenwelt im Hochgebirge zur Winterruhe zwingt, fliegen die Alpenfledermäuse vom Berg hinab in das mildere Tal. Aus Nordrußland wandert *Vesperugo nilssoni* zur Überwinterung bis nach Schlesien, Mähren und Oberfranken, ja bis in die Klüfte und Felshöhlen des Alpenfußes. Und wenn im Norden Amerikas die rauhe, nahrungsarme Zeit anbricht, machen sich manche Fledermäuse zum Auszug nach Süden bereit. Besonders die Arten, welche hohle Bäume bewohnen, packt dann der Wandertrieb, werden sie doch von der Unbill des Temperaturfalles in viel stärkerem Maße betroffen, als ihre Verwandten, die in tiefen Gängen und Grotten des Gebirgs hausen. In volksreichen Zügen brechen die Wanderer auf, und kurze Tage nachher umflattern sie geräuschlos, von den Geschwadern der Zugvögel begleitet, einsame Leuchttürme auf umbrandeten Klippen weit draußen im Meer. Die Reise findet ihr Ende auf den im ewigen Frühling prangenden Bermuden, der Winterherberge ungezählter Vögel. Während die im Norden zurückgebliebenen Vettern unter der weißen Decke die herbe Jahreszeit verschlafen, jagen die Auswanderer in der linden Luft der südlichen Inseln durch die stets neu sich erzeugenden Insektenschwärme. Sie kennen, so wenig wie der Vogel, die tote Ruhe des Winterschlafs, und verstehen es, wie das befiederte Geschöpf, Nahrungssorgen und Kältenot durch das biologische Mittel des Wanderfluges zu besiegen.

Solche, nach Ort und Zeit weitausgreifende Leistung scheint den Gipfelpunkt des Flugvermögens zu kennzeichnen. Und doch findet auch diese Tat des Säugers noch einmal ihren Meister im Flug des mit Federschwingen ausgerüsteten Vogels.

Geruhsam an die ernährende Scholle geheftet, fristet das Säugetier sein Leben; sein Dasein fügt sich im wesentlichen aus Ruhe und Mahlzeit zusammen. Für den Vogel bedeutet »leben« »sich bewegen«. »Der Bewegungseifer der Vögel«, so schreibt Brehm, »verklärt sich für uns durch das begleitende, mehr oder weniger melodische Getön zu dem lieblichen Bild jauchzender Bewegungsfreudigkeit«. Das beweglichste aller Geschöpfe aber erklomm mit seiner vollen Freizügigkeit auch die höchste, die idealste Stufe der Bewegungsart und der Bewegungsleistung.

Wenn der Flug im allgemeinen als die vollkommenste aller Bewegungsformen gelten muß, stellt der Vogelflug den edelsten Ausdruck fliegender Lebensweise dar. Er läßt an Schnelligkeit und Ausdauer, an zielbewußter Sicherheit, Anmut und königlicher Pracht den Flug von Fledermaus und Insekt weit hinter sich. Die wunderbare Ausbildung und Anpassungsfähigkeit der Flugwerkzeuge der Vögel steigert die Leistungen und ermöglicht, daß verhältnismäßig große Lasten in die freie Luft gehoben werden. Kein anderes Geschöpf vollbringt bei der Ortsbewegung eine so ungeheure Arbeit, wie der Vogel. Es ist berechnet worden, daß der Mensch beim schnellsten Lauf kaum $2/_3$ von dem Arbeitsquantum bewältigt, das der Storch im Fluge leistet. Dabei dauert der Schnellauf des Menschen nur kurze Minuten, die Luftreise des Storches lange Stunden (34).

Zwei gestaltende Faktoren bedingen die Flugleistungen der Vögel, der wunderbare Aufbau und Ausbau des Luftruders, des Flügels, und die staunenswerte Anpassung aller anatomischen Einrichtungen bis in die kleinste Einzelheit an das Schweben in freier, der Stützpunkte beraubter Luft. Eine erschöpfende Schilderung der Fluganpassung im Stamm der Vögel würde eine vollständige Darstellung der Vogelanatomie bedeuten; denn kein Körperteilchen der befiederten Geschöpfe entzieht sich dem Einfluß der fliegenden Lebensart, und keine ornithische Einrichtung läßt sich deuten, ohne daß sie in Zusammenhang mit der Flugbereitschaft gebracht wird. Der Vogel ist das morphologische Produkt des freien Flugs, der dem gasförmigen Medium in denkbar höchstem Grad angepaßte Tierkörper.

Zum Gerüst des Vogelflügels verwandelt sich wieder das

Skelett von Arm und Hand, doch in anderer Weise, tiefergreifend und harmonischer als bei Fledermaus und Flugdrache. Die Hinterextremität dagegen leiht dem Flugapparat diesmal keine Teile. Sie übernimmt als kräftiges, ihrer Aufgabe in jeder Hinsicht wohl angepaßtes Säulenpaar die Funktion, den Körper bei Ruhe und Bewegung auf dem festen Untergrund, dem Ast und dem Erdboden, zu tragen und zu stützen. Auf ihr lastet die schwere Bürde, die sich beim Säugetier auf zwei Gliedmaßenpaare verteilt.

So wirkt der Flug und die dadurch veranlaßte Umgestaltung der Vorderextremität zum Luftruder bestimmend auf das Skelett des hinteren Beinpaares zurück. Das Fliegen schreibt aber auch dem ganzen übrigen Knochengerüst die morphologischen Gesetze vor. Da der Arm und die Hand der Greiffunktion entkleidet werden und zum Erwerb der Nahrung, sowie zu Angriff und Abwehr nicht mehr taugen, streckt sich die Halswirbelsäule zur langen gelenkigen Kette. Sie trägt den leichten, doch festen Schädel, an dem ein Hornschnabel den schweren, fluguntüchtigen Ballast der Vorfahrenbezahnung ersetzt. Hals und Kopf vermitteln die Verbindung des von den Säulenbeinen hochgetragenen Vogelleibes mit der nahrungspendenden Erde. Ihre Gelenkigkeit, Länge und Kraft erlaubt die Anwendung zu Hieb und Verteidigung und läßt eine Menge anderer Arbeit verrichten, die, wie die Ordnung und Einfettung des Gefieders, der Nestbau, die Zerkleinerung der Beutestücke, eigentlich der Hand zufallen sollte. Während der Hals sich dehnt, verkürzt sich die Schwanzwirbelsäule, und ihre hintersten Elemente vereinigen sich zur senkrechten Knochenplatte des Coccyx, um dem beweglichen Fächer der Steuerfedern Stütze und Insertion zu bieten.

Der Brustkorb fügt sich fest aus der starren Achse der thorakalen Wirbelsäule, den breiten, mit Hakenfortsätzen ausgerüsteten Rippen und dem mächtigen Schild des Brustbeins, der wie ein flacher Becher den Knäuel der vegetativen Eingeweide aufnimmt. Doch sorgt die Knickung der Rippen und ihre gelenkige Verbindung nach oben und unten für Elastizität und Bewegungsfreiheit des Thorax. Ein mit der zunehmenden Flugfähigkeit sich im allgemeinen immer höher erhebender medianer Brustbeinkamm nimmt die Flugmuskulatur auf. Er wächst bei den besten Fliegern zu einer ungeheuren, senkrechten

Knochenlamelle aus und gestaltet als ein scharfer Kiel den Vogel-
rumpf zum die Luft leicht durchschneidenden Schiffskörper um.

An den Brustkorb legt sich der Schultergürtel; seine ganz
besondere Festigung gibt dem mit gewaltiger Arbeit belasteten
Flügel Rückhalt und Stütze. Vom Vorderende des säbelförmigen
Schulterblattes ziehen zwei kräftige Knochenspangen ventral-
wärts zum Brustbein, um sich mit demselben durch Bänder oder
feste Nähte zu verbinden. Es sind die gedrungenen Säulen der
Rabenbeine und die unter sich selbst wieder zum Gabelbein ver-
wachsenen, geschwungenen Schlüsselbeine. Das Schultergelenk
erlaubt der Flugextremität freiestes Spiel in Hebung, Senkung
und Drehung. In demselben lenkt sich der kräftige, relativ kurze
Oberarmknochen ein. Elle und Speiche strecken sich, so daß
beim Adler und anderen trefflichen Fliegern der Unterarm den
Oberarm an Länge beträchtlich überragt. Besonders stark dehnt
sich die Hand und mit der Dehnung geht eine Reduktion und
zugleich eine Vereinheitlichung der Knochen parallel. Die
Knochenelemente von Handwurzel und Mittelhand schwinden
oder verwachsen unter sich; die Fingerzahl sinkt auf drei herab;
der vierte und fünfte Finger fallen weg, und der Daumen wird
zum Stummel. Einzig der Mittelfinger und Zeigefinger strecken
sich und verschmelzen distal, ohne daß sich indessen ihre Länge
mit den riesigen Dimensionen der Flugfinger von Pterosauriern
und Fledermäusen messen könnte. Die verhältnismäßige Kürze
aber wird reichlich aufgewogen durch die langen, starren Flug-
federn, die das schmächtig ausgezogene Handskelett zur mächtigen Schlag- und Tragfläche auswachsen lassen. Beim Vogel
wird durch die Anreihung der Federn an Arm und Hand dasselbe funktionelle Resultat besser und vollkommener erreicht,
das Flugdrache und Fledermaus durch Verlängerung des einen
oder mehrerer Finger erstreben.

Zwischen dem sinnreichen Hebelwerke der Armknochen ver-
breitert sich auch beim Vogel wieder die Körperhaut flächenhaft.
Die Falten entwickeln sich besonders stark in der Ellbogen-
gegend; sie rüsten sich mit einem eigenen System von Spann-
muskeln aus. Doch erst wenn die Natur als Neuerwerb das
nach Bau und Leistung wunderbarste aller Horngebilde, die
Feder, hervorsprossen läßt und die mächtigen Schwingen zu
leichten, elastischen Luftrudern an den Arm und die umgeformte,

schmale Hand fügt, entsteht der unbestrittene Beherrscher der Lüfte. Die Federn erst heben ihren Besitzer in die Atmosphäre; sie machen ihn zum Vogel, krönen ihn zum unbeschränkten Gebieter des Luftmeers. Jetzt lüftet der fluggewaltige Adler seine Schwingen zu grenzenlosem, königlichem Schweben, das des Raumes spottet.

In den Dienst des hochspezialisierten Mechanismus des Vogelflügels treten gewaltige, leistungsfähige Motoren. Nur durch die Arbeit stärkster Muskulatur kann der Leib des Fliegers dauernd in ein Medium von sehr geringer Dichtigkeit emporgehoben werden. Wie die Vögel sich rascher und während längerer Zeit bewegen, als Reptil und Säuger, so erhalten auch ihre Muskeln größere Dichtigkeit und festere Fügung, als diejenigen anderer Wirbeltierklassen; sie antworten auf jeden Anreiz ausgiebig mit kräftiger Kontraktion.

Mit ihren schnellen Muskeln vermögen die Vögel etwa 70 Einzelbewegungen in der Sekunde auszuführen. Der Mensch bringt es in derselben Zeit nur auf etwa 12 Bewegungen, so daß sich der Vogel inbezug auf Bewegungsmöglichkeit etwa sechsmal besser stellt. Dabei beträgt der Nutzeffekt des sich bewegenden Vogelmuskels über 60 %, derjenige des menschlichen Muskels kaum 30 % (nach Gildemeister).

Die allgemeine Muskelausrüstung des Vogelflügels entspricht grundsätzlich derjenigen des Säugetierarmes; sie paßt sich jedoch in vollkommenster Weise den Erfordernissen des Fluges an. Besonders der große Brustmuskel, der vom Oberarm zum Kamm des Sternum zieht, entfaltet sich zu ganz ungewöhnlichem Umfang. Er übernimmt für sich allein den größten Teil der Arbeit beim Durchmessen der Luft und wird gelegentlich schwerer, als der ganze übrige Körper. In der Regel allerdings bewegt sich das Gewicht der Flugmuskulatur in den Grenzen von 24—34 % des gesamten Körpergewichts. Es beträgt bei der Taube $^1/_3$, beim Storch $^1/_4$, beim Bussard $^1/_5$ der ganzen Leibesschwere, und sinkt bei der Silbermöve, die weite Strecken mit bewegungslos ausgespannten Flügeln die Luft durchsegelt, auf die Prozentzahl von 15,7—17,1 herab. Je stärker die Flügel zum Schlag ausholen und je schneller sich die Schläge folgen, desto höher steigt das Gewicht der Flugmuskulatur an (35).

Einem dem Flug als äußere Lebenserscheinung gewidmeten

Aufsatz fehlt der Raum für eine weitergehende Schilderung der Morphologie des Vogelkörpers. Es liegt im Wesen einer solchen Abhandlung, die erreichten biologischen Ergebnisse zu betrachten, nicht aber die physikalischen, anatomischen und physiologischen Wege, die zu den Resultaten führen.

So muß es genügen, darauf hinzuweisen, daß das Prinzip der Gewichtserleichterung den Bau des trefflich fliegenden Vogels bestimmt, und daß dieser Grundsatz zu sparsamster Verwendung von Stoff und zu geiziger Ausnützung des zur Verfügung stehenden Körperraums zwingt.

Die Knochen erhalten eine möglichst große Festigkeit, bei haushälterischer Sparsamkeit im Verbrauch des Baumateriales. Ihre Substanz ist hart, reich an Salzen; das verleiht ihnen splitternde Sprödigkeit. Ein Vergleich mit dem Säugetier gewährt Einblick in diese Verhältnisse. Die Knochen des laufgewandten Hasen enthalten 75,15 % an organischer Substanz; bei der Turteltaube steigt die entsprechende Zahl auf 84,3 % an.

In noch viel höherem Maß, als bei Fledermaus und Pterosaurier, bilden sich in den Vogelknochen pneumatische Hohlräume. Das schwere Mark schwindet; an seine Stelle tritt leichte Luft. Und alle diese Knochenhöhlen treten in Verbindung mit dem für die Vögel so bezeichnenden System von der Lunge ausgehender Luftsäcke. So wird das Skelettgerüst der Vögel viel leichter, als dasjenige entsprechend schwerer Säugetiere. Bei einer 3400 Gramm wiegenden Gans macht das Knochengewicht 13,4 % aus, beim gleich schweren Makak 16,8 %. Ähnlich lauten die vergleichenden Prozentzahlen für Zeisig und Maus (6,6 und 8,4 %), für Zaunkönig und Spitzmaus (7,14 und 8 %).

Mit der Schaffung des weithin tragenden Vogelflügels steht in engem Zusammenhang die Ausbildung eines wunderbar weitsichtigen Auges, das den Raum durchbohrt, die Ferne naherückt und den schnellen Schwingen im Fluge vorauseilt.

Die schwere Arbeit der Erzeugung der Flugkraft erfordert eine ungeheure Entfaltung aller auf Bereitung, Führung und Reinigung des Blutes berechneten Organe. Wie beim wirbellosen Vogel, dem Schmetterling und der Fliege, dehnen sich beim befiederten Wirbeltier die vegetativen Flächen, und wieder steigert sich durch die rasche und intensive, der Schaffung der Flugenergie dienende Verbrennung die Blutwärme hoch empor. Der

Darm richtet sich mit seinem drüsenreichen Sekretmagen und seinem großen, derben Muskelmagen auf schnelle und vollständige Verdauung ein, so daß die aufgenommene Speise den fliegenden Körper nur kurze Zeit beschwert; die verhältnismäßig wenig umfangreichen Lungen erhalten kompakte Struktur; ihre innere Fläche vergrößert sich auf sinnreichste Weise und gewinnt so um das Vielfache zurück, was durch die Einschränkung der Außenfläche verloren ging. Auch die Nieren der Vögel zeichnen sich durch bedeutenden Umfang und komplizierten Bau aus. Selbstverständlich nimmt das Vogelherz einen weiten Raum in der Brusthöhle ein, seine gewaltige Muskulatur vermag hoch getriebenen Anforderungen des Kreislaufs zu genügen.

Alle Organe des vegetativen Lebens, der Verdauung, der Zirkulation, des Gasaustauschs, der Harnabscheidung knäueln sich unter sparsamer Ausnützung jeder Spalte eng zu einem Klumpen zusammen. So gleicht die Leibeshöhle einem vollgepackten, reisefertigen Koffer, in dem auf der Luftfahrt nichts rüttelt und nichts verschoben werden kann.

Gerade in der Notwendigkeit der steten Zufuhr von Brennstoff oder Nahrung liegt wieder die Ursache der ruhelosen Beweglichkeit der Vögel. »Man darf nicht vergessen«, schreibt treffend Brehm, »daß es am letzten Ende der ewig hungerige Magen, die schnelle Verdauung und Wiederabscheidung des Vogels ist, die diesen kleinen Bewegungsmeister mit der hohen Blutwärme nicht zur Ruhe kommen läßt«.

Nur während der Brutzeit bindet sich der Vogel an die Niststelle und damit an den festen Untergrund. Die Sorge um die Nachkommenschaft allein, die Mutterliebe, läßt ihn seine Unruhe überwinden. Doch erweist sich die frühe Eiablage und die dadurch bedingte äußere Bebrütung wieder als eine den Flug mächtig fördernde Einrichtung. Ein lange dauerndes Mitschleppen der Brut im oder am eigenen Körper würde dem Flieger im Luftraum enge Grenzen weisen. Die Gewohnheit, die großen Eier rasch abzulegen, hebt den Vogel und seine Flugfertigkeit hoch über Fledermaus und Insekt hinaus. Den weiblichen Käfer und Schmetterling zwingt die Last der Eier nicht selten, auf den Flug und die Flügel zu verzichten. Anders als durch Rückbildung der Flugorgane wissen sich die flatternden Fledermäuse zu behelfen. Sie schleppen die Jungen an der Brust durch die

Luft und setzen, um die hemmende Last zu erleichtern, die Zahl der jährlich gezeugten Kinder auf das Minimum von eins oder zwei herab. Nur auf Kosten der Fruchtbarkeit behauptet die Fledermaus ihren Platz als Flieger. Die Herkunft von eierlegenden, reptilienhaften Stammeseltern sicherte dem Vogel zum voraus einen Vorsprung in der Eroberung der Luft.

Alle diese anpassenden Neuschöpfungen, Umwandlungen und Gewichtsersparnisse bescheren den Vogel mit der staunenswertesten Bewegungsfähigkeit und Bewegungsfreiheit im gasförmigen Luftmeer; zugleich bringen sie das gefiederte Geschöpf in Bau und Leistung in scharfen Gegensatz zum an den Erdboden gehefteten Säugetier. Das Leben auf dem festen Untergrund verlangt massigen, nicht so sehr auf Ersparnis hindrängenden Leibesbau. Dadurch verschließt es zum größten Teil den Weg zum freizügigen Durcheilen der Luft, ohne indessen andere Bewegungsarten zu hindern oder auch nur einzuschränken. Der Klasse bodenbewohnender Säugetiere entstammt der Meister der Schwimmkunst, der Delphin, der windschnelle Renner, das Pferd, der ausdauernde Geher, der Elefant und das weithin springende Känguruh. Von der Erde aus erklommen den Baum die Virtuosen der Kletterkunst, Eichhorn und Affe, Bär und Faultier. Die Krone des Intellekts endlich fiel nicht dem rastlosen, doch einseitig spezialisierten Vogel zu, sondern dem ruhiger an die Scholle gebundenen, dafür harmonischer begabten Säuger.

Die bunte Fülle und Vielgestaltigkeit der Flugorgane und Flugerscheinungen im Reiche der landbewohnenden Wirbeltiere drängt zunächst von selbst noch die allgemeine Frage auf die Lippen, ob zwischen den Fliegern der Vergangenheit und Gegenwart nicht Bänder der Blutverwandtschaft sich ausspannen, und ob nicht vielleicht im Flusse der Jahrtausende aus dem Fallschirm der Fledermausflügel und vielleicht sogar die herrliche Schwinge des Vogels sich herausentwickelt habe.

Bei der prüfenden Betrachtung solcher Fragen stellt sich gar bald ein Vorgang als wahrscheinlich dar. Wie das Fallen von Ast zu Ast, oder vom Fels zur Erde, so nahm auch das Flattern und der Flug von der Baumkrone oder vom Berggipfel aus seinen Ursprung. Bereits wurde darauf hingedeutet, daß manche Klettertiere sich dem Baum in vollkommenster Weise anpaßten. Sie wurden dem Erdreich fremd und lösten sich vom festen Boden gänzlich los. Solchen erdfremden Wipfelgeschöpfen blieb eine doppelte Entwicklungsbahn offen: der bescheidene Weitsprung, vermittelt durch den Fallschirm, und die kühne Luftfahrt, getragen vom Flügel. Nicht nur der passive Fallschirm, sondern auch der aktiv sich hebende und senkende Flügel hat seine erste Heimat im Walde. Der schüchterne Flugversuch von Fledermaus und Vogel ging vom ragenden Wipfel aus; kletternden Bewohnern der Wälder blieb die Eroberung der Luft durch freies Schweben, durch unbegrenzten Aufstieg, ihr Durchschneiden in selbstgewählter, gewundener Bahn vorbehalten.

Für die Annahme, daß der ungehemmte Flug als Vorbereitung das Klettern verlangte, zeugen beredt eine Reihe von Erfahrungstatsachen. Sie betreffen alle wirklich fliegenden Wirbeltiere in weit zurückliegender Vorzeit und in der heutigen Schöpfung, die riesigen Flugechsen des Juras und der Kreide, die Fledermaus und den Vogel. Alle drei Gruppen von selbstherrlichen Fliegern besitzen oder besaßen Andeutungen von Kletterorganen und wohl auch Reste von Kletterfähigkeit. Die gewaltigen Flugsaurier trugen an Fingern und Zehen sehr kräftige Krallen, die ihnen wohl gestatten konnten, in den Uferwäldern und an den Klippen der mesozoischen Meere zu klettern und sich zur Ruhe aufzuhängen.

Mit dem bekrallten Daumen der Hand und mit den Füßen klettert die Fledermaus vortrefflich am rissigen Stamm, in der engen Mauerspalte, am Zweig und am überhängenden Fels; der Gang auf dem flachen Boden dagegen fällt ihr schwer.

Der erwachsene Vogel der Jetztzeit allerdings hat verlernt, unter der Benützung der beiden Extremitäten den Baum und die Felswand zu ersteigen, wie das ausgestorbene Flugreptil und die Fledermaus. Er klettert als Specht und Baumläufer ausschließlich mit den Füßen und unterstützt diese Bewegung als Papagei durch starke Klimmzüge des Schnabels. Anders bewegte sich indessen sehr wahrscheinlich der erste bekannte Vorfahr der neuzeitlichen Vögel in den Baumkronen. *Archaeopteryx macrura*, der Urvogel aus dem obersten Jura von Mittelfranken, trug an der Vorderextremität bereits die Schwingen des Vogels und besaß zugleich noch das Erbteil des Reptils in drei freien, mit auffällig großen und starken Krallen bewaffneten Fingern. Arm und Hand versahen so zwei verschiedene Funktionen; sie dienten dem Fliegen und dem Klettern, ohne der einen oder andern Arbeit in vollem Umfang genügen zu können.

Es läßt sich die Vermutung nicht zurückweisen, daß der Juravogel neben der Flugfläche über eine hohle, nach vorn gekehrte Greif- und Kletterhand verfügte, die geschickt war, den schwachen Zweig zu umfassen und sich am Stamm einzukrallen. *Archaeopteryx* dürfte ein Kletterer gewesen sein und ein Hüpfer von Ast zu Ast. Ihr vierzehiger Klammerfuß schloß sich fest um den im Flugsprung erreichten Ast, während der Flügel und der zweireihig befiederte Schwanz vielleicht mehr als Fallschirm, denn als Flugorgane arbeiteten.

Immerhin soll nicht verhehlt werden, daß mehrere Forscher dem Urvogel eher den Wohnort der echten Hühner im Gebüsch und auf freiem Feld anweisen möchten, als den Aufenthaltsort von Specht und Papagei in den Laubkronen hoher Bäume. Nopcsa (36) schreibt gerdezu: »We cannot find a single character in Archaeopteryx that would absolutely prove arboreal specialisation«, und auch Stellwaag vergleicht die Lebensweise des jurassischen Fossils mit derjenigen von Fasan und Rebhuhn (37).

Das fremdartige Bild des mit der Hand kletternden Urvogels kehrt heute noch in der ersten Jugend eines südamerikanischen Baumhuhns wieder. *Opisthocomus* bewohnt in ziemlich großen Gesellschaften die dichten Baum- und Buschbestände am Ufer von Seen ·und Flüssen von Surinam und Britisch Guyana bis nach Columbien und südwärts bis nach Bolivien. Über dem Gefieder des schmucken Tieres liegt schillernder Metallglanz; auf dem Kopf formt sich aus spitzigen Federn eine hohe Haube. Sein Nest baut das Schopfhuhn im Gezweige über dem Wasser. In unbeholfenem Flatterflug streicht der Vogel vom Ast ab, um am Ende der kurzen, kaum 40 Meter messenden Bahn durch eine Art Fallschirmgleiten den festen Untergrund zu erreichen.

In der ersten Nestlingsjugend aber ist *Opisthocomus* ein tüchtiger Kletterer. Mit erstaunlicher Fertigkeit turnen die Jungen im Gezweige auf und ab, nach links und rechts. Sie verlassen hungrig das Nest und folgen im Astwerk den für Atzung sorgenden Eltern. Zu solch' für den Vogel außergewöhnlicher Kletterleistung befähigt die Nestjungen Schnabel und Fuß, vor allem aber die eigentümlich gestaltete Hand. Zwei Finger besitzen freieste Beweglichkeit; sie sind opponierbar und endigen nach

außen in starken, wohlgekrümmten Sichelkrallen. Greifend umfassen die Kletterfinger Ästchen und Zweige; sie strecken und
beugen sich, haken sich an der Rinde fest und ziehen den Körper
empor.

Es mag einen seltsamen Anblick bieten, die jungen Schopf-
hühner im Zweiggewirr der südamerikanischen Urwälder klettern
zu sehen. Nach der Jugendzeit allerdings büßen die Vögel die
Fingerkrallen und damit die hochentwickelte Kletterfähigkeit
ein. Der flugbereit werdende Flügel ruft zu höherer Bewegungsweise und drängt die kletternde Greifhand zurück.

Wie ein Erbteil aus alter Zeit, wie eine Erinnerung an des
Kletterns kundige Vorfahren mutet es an, wenn zahlreiche Vögel
heute noch die erste Zehe den drei übrigen entgegenstellen können
und zudem eine Sperrvorrichtung zur Festlegung des Klammer-
griffs der Zehen besitzen. Solche Einrichtungen bringen nur
baumbewohnenden Klettertieren Vorteil und Nutzen.

In dem Maße, als im Laufe langer Zeiträume der Flügel die
Luft sich unterwarf, ging die Fertigkeit, sich in weitem Sprung
von Ast zu Ast zu schnellen und die Kletterkunst Schritt um
Schritt zurück. Damit verloren die Eroberer der Atmosphäre
auch allmählich die Ausrüstung mit Kletterwerkzeugen.

»Der Flügel ersetzt die Kletterorgane«, betont Döderlein (1),
»und macht sie überflüssig«. Die flatternden Fledermäuse und
die Flugsaurier der Vergangenheit verfügen noch über Reste von
Kletterapparaten; ihr Flügel vermittelt noch nicht den grenzenlosen, alle Weiten durchmessenden Flug. Beim Beherrscher
des Luftreiches dagegen, beim Vogel, verschwinden die Kletterfähigkeit und ihre Organe bis auf letzte, schwer wahrnehmbare
Nachklänge. Die Krallen der Vorderextremität fehlen den
meisten Vögeln der Jetztzeit. Wo sie aber noch auftreten,
sind sie rudimentär, oder dienen neuen Zwecken und nicht mehr
der Bewegung im Geäste.

Wenn die Ableitung fliegender Wirbeltiere von baumbewohnenden kletternden Vorfahren auf keine unüberwindlichen Hindernisse stößt, bleibt dagegen die andere Frage nach dem genetischen
Zusammenhang von Fallschirm und Flügel vielfach umstritten.
Sie ist ebenso oft und ebenso entschieden verneinend wie bejahend
beantwortet worden. Irgendwelche Übergangsformen zwischen
Trägern von Fallschirmen und von Flügeln sind uns weder aus

der Jetztzeit, noch aus der Vergangenheit bekannt; die breite
Lücke zwischen dem fliegenden und dem fallenden Geschöpf
läßt sich morphologisch und biologisch nur durch Spekulation
überbrücken.

Am ehesten glückt es noch, den Fledermausflügel theoretisch
auf den Fallschirm eines Ahnen zurückzuführen. Beide Organe
unterscheiden sich, nach der Ansicht mancher Autoren, nur
graduell und nicht prinzipiell. Die Hautfalte des Schirmes gestaltete sich zur Flughaut, indem ein oder mehrere Finger sich
allmählich zu den Gerüstspangen der sich dehnenden Fläche
verlängerten. Das führte zum Endziel, dem Flügel von Fledermaus und Pterosaurier. In der Vorfahrenreihe der Chiropteren
besonders werden dem Pelzflatterer ähnliche Geschöpfe hypo-
thetisch angenommen, und eine vielfach geteilte Auffassung weist
dem Flattermaki selbst eine systematische Bindestellung zwischen
Insektenfressern und Fledermäusen an.

Von mancher Seite erfährt indessen der Versuch, Fledermäuse
und Fallschirmtiere stammesgeschichtlich zu verknüpfen, lebhaften Widerspruch. Branca (2) betont, daß jede Spur von
morphologischen Vermittlern zwischen unbeflügelten Vorfahren
und beflügelten Fledermäusen vollkommen fehlt. Er fährt fort:
»Die mit einer als Fallschirm benutzten Hautduplikatur ver-
sehenen Tiere sind heute, gegenüber der riesigen Zahl der anderen
Tiere, verschwindend selten; aus früheren Zeiten aber hat sich
das Vorhandensein von Fallschirmen noch durch keine einzige
paläontologische Tatsache beweisen lassen«. Für den Autor
ergibt sich der Schluß: »Aus Formen, wie sie die heute lebenden
Fallschirmtiere darstellen, kann sich kein Flughauttier entwickelt haben«.

Die theoretische Forderung vollends, daß der befiederte Flügel
des Vogels aus Fallschirm und Flughaut hervorgegangen sei,
stößt auf entschiedensten Widerspruch. Zitate von Branca (2)
und Nopcsa (36) mögen dies belegen. Der erstgenannte Ge-
währsmann schreibt: »Irgendwelchen sicheren Anhaltspunkt dafür, daß die Vögel als Hautflieger begonnen haben könnten, liefern
indessen weder die Paläontologie noch die Ontologie der heutigen
Vögel«. Und ähnliche Worte schreibt der englische Fachmann:
»The supposition, that birds once possessed a patagium and only
afterwards developed feathers, I consider as devoid of foundation«.

Zum weitblickenden Ziel des freien Flugs klommen »Hautflieger« und »Federflieger« auf ganz verschiedenen Entwicklungswegen empor; denn verschiedenartige Gebilde, wie Patagium und Feder, stellten an das Gerüst des Flugapparats grundsätzlich abweichende Ansprüche. Die weiche, geschmeidige Flughaut bedurfte, um leistungsfähig zu werden, zahlreicher vom Körper ausstrahlender Stützen. Solche Radien lieferten die Skelettbestandteile beider Gliedmaßenpaare und des Schwanzes. Der Hautflieger gewann sein Luftruder prinzipiell auf demselben Wege wie Krokodil, Ente und Frosch das Wasserruder. Zwischen Zehen und Fingern spannten sich zweiblättrige Falten der Körperdecke als Schwimmflächen oder Flughäute aus. Doch zwang die physikalische Verschiedenheit der zu durchmessenden Medien zu graduell verschiedener Ausdehnung der Flächen. Der in der gasförmigen Luft gleitende Hautflieger mußte die Tragmembranen und ihre Skelettstützen mächtig dehnen, um den Absturz zu vermeiden und die Flugbewegung zu sichern. Der Schwimmer im schweren, flüssigen Wasser konnte denselben Erfolg mit weit geringerer Flächenentfaltung der Flossen erreichen.

Für den Vogel lagen die Verhältnisse bei der Ausbildung des Flugorgans wesentlich anders, als für den Hautflieger. Zur Aufnahme einer Reihe halbstarrer, elastischer Federschäfte genügte eine einzige, feste Ansatzlinie. Das führte zum Umbau von Arm und Hand, während die Hinterextremität den unmittelbaren Einfluß des Flugs kaum zu verspüren bekam.

Dem Gedanken völlig getrennter Entwicklungsbahnen von Hautflieger und Federflieger verleiht Nopcsa (36) klaren Ausdruck in den Worten: »While Pterosaurs and Bats originated independently from quadrupedal arboreal forms in which both anterior and posterior extremities, in consequence of the development of a patagium, became primarly equally used for flight and in consequence equally unfit for locomotion on the ground, Birds originated from bipedal Dinosaur-like running forms in which the anterior extremities, in account of flapping movements, gradually turned to wings, without thereby affecting terrestrial locomotion. This is also the reason why Birds became dominant over all the rest of the aerial rivals«.

Die Ahnenreihe der Vögel läßt sich auf durch sorgfältige Forschung geebnetem und durch Beobachtungstatsachen gefestigtem Weg nur bis zur *Archaeopteryx* des oberen Juras verfolgen. Weiter zurück in die Vergangenheit des Stammes und der Erde führen einzig die trügerischen und schwachen Pfade der Hypothese. Um so dringender erhebt sich daher die Frage, wie es mit dem Flugvermögen des jurassischen Urvogels bestellt gewesen sei. Die Kletterfähigkeit dieses ersten bekannten Vorfahren der heutigen befiederten Scharen fand schon in anderem Zusammenhang eingehende Würdigung.

Über die Stellung von *Archaeopteryx* gegenüber Vögeln und Reptilien äußert sich Branca mit den Worten: »*Archaeopteryx* ist zwar schon voll und ganz ein Federflieger, aber durchaus nicht voll und ganz ein echter Vogel«. Sie mag etwa als »Neunzehntelvollblutvogel« gelten und schiebt sich verbindend zwischen Reptil und Vogel ein, ohne zugleich den Übergang aus einem unbeflügelten Lebewesen, oder aus einem Hautflieger zu einem neuzeitlichen Federflieger zu bilden (siehe 38, Zittel).

Leider hat sich in den beiden Exemplaren des Juravogels, die im feinen Schieferschlamm von Solnhofen eingeschlossen in die Hand des Menschen fielen und heute die Museen von Berlin und London zieren, das Brustbein nur unvollständig erhalten. Es allein könnte unschätzbaren Aufschluß über die Flugart von *Archaeopteryx* geben. Immerhin gestattet das übrige, wohlerhaltene Knochengerüst genügend sichere Rückschlüsse auf Statik und Mechanik des Fossils. Auch die ärodynamischen Eigenschaften des Vorfahrenvogels lassen sich aus den vorhandenen Überresten erschließen.

Ein erster, vergleichend abwägender Blick auf das Skelett zeigt, daß der Juravogel den gewaltigen Anstrengungen, die der Flug an die ihm unterworfenen Geschöpfe stellt, nur unvollkommen gewachsen sein konnte. Zwar trug das krähengroße Geschöpf bereits das Kleid des fliegenden Vogels. Arm- und Handknochen dienten kräftigen Schwingen zur Stütze, und an den langen Eidechsenschwanz reihten sich zweizeilig wohlentwickelte Steuerfedern.

Doch fehlte dem Skelettgebäude des jurassischen Vorfahren die straffe, einseitige Anpassung an das Durchmessen der Luft, welche die osteologischen Verhältnisse der heutigen Nachkommenvögel bis in die kleinsten Einzelheiten beherrscht. Das Prinzip größter Festigkeit und höchster Leistungsfähigkeit bei geringstem

Materialaufwand und äußerster Leichtigkeit verkörperte sich in *Archaeopteryx* nur in unvollkommenem Maße. Dem Rumpf des Urvogels fehlte noch die für einen sicher und zuverlässig funktionierenden Flugapparat unbedingt notwendige Geschlossenheit. Die Knochen entbehrten der lufthohlen Räume. In der Struktur des Brustkorbes klingt die Anpassung an flugtechnische Aufgaben erst leise an, und auch das Flügelgerüst läßt die einsinnig gerichtete Spezialisierung vermissen, welche die Vorderextremität erst zum vollauf leistungsfähigen Flugwerkzeug stempelt.

Durch Überlegung und Berücksichtigung aller in Rechnung zu ziehenden Faktoren gelangt Stellwaag dazu (37), das Flugvermögen von *Archaeopteryx* recht niedrig einzuschätzen. Der Urvogel stand etwa auf der Höhe der Flugfertigkeit von Fasan, Rebhuhn und Zwergsteißfuß. Wie diese schlechten Flieger ihr geringes Segelvermögen durch hastigen, schnurrenden Flügelschlag auszugleichen trachten, so mag sich der jurassische Vorfahr schwerfällig in kurz bemessenem Drachenflatterflug durch die Luft bewegt haben. »Die Bewegung war ein primitiver Flatterflug, der leicht in einen Drachen- oder Fallschirmflug überging«. Gar bald wird sich der Flug zur Erde oder zum niederen Ast gesenkt haben, und Kletterarbeit erst ließ wieder den Gipfel des Baumes als Sprungbrett zu neuem Fallflug erreichen. Stellwaags Ansicht vom Tiefstand der Flugfähigkeit des fossilen Vogels pflichten zahlreiche Zoologen bei. Aus dem plumpen Flugversuch aber des Juravogels ließ die Folge der Jahrtausende das königliche Schweben und Kreisen des Adlers erstehen (siehe auch 36 und 39).

Der Flug charakterisiert den ganzen Stamm der Vögel; alle Vertreter des befiederten Heers entspringen aus flugbegabten Vorfahren. Das lehrt überzeugend die anatomische Vergleichung. Und wenn die Nachkommen die Kunst des Fliegens verlernt haben, wenn der Pinguin seinen Flügel als Flosse in der Salzflut gebraucht, um unter dem Meeresspiegel geschickt wie ein Fisch zu tauchen und zu schwimmen, wenn die Strauße ihre kurzen Fittige schlagend bewegen, um den eiligen Lauf über die Grassteppen und Sandwüsten des Erdballs zu fördern, so stellen diese weit abliegenden Fälle nur Endpunkte von Rückbildungsreihen dar, die ihren Anfang in flugbereiten Voreltern nahmen. Ähnlich büßte bekanntlich das Insekt nicht allzu selten die dem Stamm verliehene Gabe des Flugs ein. Wie Käfer und Fliege, so verliert auch der Vogel etwa auf einsamen Eilanden die Fähigkeit, sich in die Luft zu erheben. Die vom Stillen Ozean umbrandete kleine Insel Laysan, unweit Hawai, beherbergt eine durch vollkommene Flugunfähigkeit gekennzeichnete Ralle.

Ausgiebigkeit und Form des Flugs allerdings wechseln auch im Reich der Vögel in den denkbar weitesten Grenzen.

Es wurde in anderem Zusammenhang darauf hingewiesen, daß zwischen dem Flug der Insekten und der Vögel ein grundsätzlicher Unterschied besteht. Die Insekten üben den Hubflug, während nach Demolls (56) sehr beachtenswerten Erörterungen »der Flug der größeren Vögel sich nur aus den Prinzipien des Drachenflugs verstehen läßt«. Dem Drachenflug ordnen sich als bloße Phasen »Segelflug« und »Gleitflug« unter. Bei ihnen findet ein Energiegewinn durch Muskeltätigkeit nicht statt. Für den Flug der kleineren Vögel nimmt indessen auch Demoll eine Zwischenstellung zwischen den großen Stammesgenossen und den Insekten an. Er schreibt: »Ein Schweben ist demnach bei den Singvögeln nur noch in dem Sinne möglich, wie es allen Insekten zukommt, nämlich durch den Aufwärtsdruck, den die Flügel während des Aufwärtsschlages erfahren«. »Die schwirrenden Kolibris dürfen vermutlich den Insekten hinsichtlich des Flugs viel näher gestellt werden, als ihren großen Verwandten.«

Auch nach Demolls Eingrenzung öffnet sich demnach für Flugart und Flugerscheinung der Vögel noch ein weiter Rahmen. In denselben drängen sich die durch eigene Beobachtung und fremde Schilderung gewonnenen Flugbilder in bunter Fülle. Die jubelnd steigende Lerche, der rüttelnde Falke, der Adler, der sich in ungemessene Höhen schraubt, die Schwalbe im reißenden Segelflug, der Mövenflug mit seinen elegant gewundenen Kurvenlinien, der Schwirrflug der Kolibris vor seltsam geformten und gefärbten Blüten, der geräuschvolle, plumpe Fall des Fasans endlich, sind ebensoviele sekundäre Anpassungen des Vogelflugs, ebensoviele biologische Erscheinungen von packender Verschiedenheit.

Im »Wellenflug« fährt Amsel und Fink von Busch zu Busch. Nach einigen raschen Ruderschlägen werden die Flügel dem Körper angenähert oder angeschmiegt, und wie der gefiederte

Bolzen einer Armbrust durchsaust der Vogelleib die Luft. Die Flugbewegung setzt sich aus einem Wechsel von Rudern und Gleiten zusammen, und die Flugbahn formt sich zu einer Wellenlinie mit Höhen und Tiefen. Doch vermittelt dieser »Finkenflug« nur kleineren Vögeln rasches Vorwärtskommen. Wenn ihn der große und schwere Specht übt, werden die Wellenberge sehr hoch, die Täler sehr tief und die Fluglinie nimmt einen eckig gebrochenen, unvorteilhaften Verlauf an.

Je nach dem Bedürfnis des Augenblicks versteht es der Vogel nicht selten, seine Flugart momentan zu verändern. Die vom Feind überfallene Schnepfe gibt das »Streichen« in gerader Richtung auf und sucht dem Verfolger in vielfach geknittertem Winkelflug zu entrinnen. Ein verschiedenes Bild bietet der Flug zur Nahrung und zum Schlafplatz, die eilige Flucht und der Spielflug in blauer Höhe; anders gestalten sich die Flugkünste zur Balzzeit und der täglich immer wieder unternommene Ortswechsel auf kurze Entfernung. Mannigfach und wechselnd wie die biologische Anforderung an den Flug gestaltet sich sein äußeres Bild.

Den tiefsten Eindruck aber auf den Betrachter übt die stolze Sicherheit, die überlegene Ruhe und erhabene Selbstverständlichkeit des Vogelflugs aus.

Nie ist mir persönlich die elementare Größe und das Zielbewußtsein des Vogelflugs, seine Naturnotwendigkeit, klarer geworden, als an einem frühlingsmilden Märztag in Smyrna an der Küste Kleinasiens. Über der schimmernden Stadt, über ihren Kuppeln und den zerfallenden Zinnen der alten Befestigungen wölbte sich ein lichtblauer Himmel; die weite Fläche des Golfs blinkte silbern, und die Umrisse der schöngeformten hohen Berge, deren Kranz die Meeresbucht zum stillen, blauen Alpensee verwandelt, verloren ihre harten Linien in dem seltsamen Duft, der verschleiert und zugleich enthüllt, und den der Lenz nur im Morgenland über die Landschaft zu zaubern vermag.

Hoch oben aber, am sonnigen Firmament, zog nach Nordosten ein unendliches Kranichheer. Schar folgte auf Schar, sich vermählend und wieder trennend, wie flutende, graue Wogen aus dem nie erschöpften Born des Lebens. Die schrägen, im Winkel zum Keil sich treffenden Linien der Vögel verschoben und veränderten sich stets unter wallendem Gleiten, und doch blieb die strenge Ordnung des Wanderheers gewahrt. Auf den graulichten Geschwadern spielte die Überfülle des Frühlingslichts.

Stundenlang strömte der Kranichzug vorbei, stetig und ohne Eile und doch in rasch förderndem Flug. Unwandelbare Gesetze schienen die vom festen Lande losgelösten, lautlosen Scharen nach dem in der Ferne sicher erkannten Ziel zu leiten. Nur hin und wieder trug ein Windstoß das in heiseren Molltönen erklingende Krächzen der Vögel zum Erdboden zurück, wie den Lärm einer verhallenden Schlacht, oder den fremdartigen Ruf aus einer anderen Welt. Dann schwollen die sich regellos kreuzenden Schreie an zur dröhnenden, seltsam melancholischen Musik und verklangen wieder wie letzte Seufzer in der leeren Luft.

Der Schnelligkeit, der Ausdauer und der Art des Fliegens schreiben, außer der Muskelkraft, die Gestalt und Flächengröße der Flügel, sowie die Beschaffenheit des Gefieders die Gesetze vor.

Lange, schmale, scharf zugespitzte Fittige mit geringfügiger Krümmung und harten Schwungfedern, sowie ein kurzes, straff gefügtes Kleid verhelfen zu raschem Flug; kurze, rundliche und stark gekrümmte Flügel und locker sitzendes Federkleid verlangsamen die Bewegung durch die Luft.

Jeder Flugart entspricht eine bestimmte Flügelform. Der Flatterflug kommt durch den raschen Ruderschlag verhältnismäßig kleiner, rundbegrenzter Flügel zustande. Den stolzen Spiralaufstieg ohne Schlagbewegung vermögen vor allem Vögel mit flächengroßen, stumpf abgerundeten und zugleich gewölbten Flügeln auszuüben. Ihre Zahl ist nicht allzugroß; die meisten gehören der Gruppe der Tagraubvögel an. Sie steigen in majestätischer Schraubenkurve zu großer Höhe; doch versagt ihre Gewandtheit und ausdauernde Schnelligkeit nicht selten im gerade nach vorne gerichteten Schwebeflug. Auf großen, breiten Flügeln dreht sich in prachtvoller Kreisbahn Bussard und Milan empor, bis er im lichten Blau des Frühlingshimmels entschwindet. Meister des Spiralflugs sind die Geier, allen voran der großflüglige Kondor mit seinen breiten, runden Fittigen. Ähnlich kreisen Habicht und Adler. Der tragende Wind findet an der breiten Einwölbung der Flügel eine volle Angriffsfläche, so daß er den Körper des Fliegers leicht in die Höhe zu heben vermag. Schon der Storch aber bleibt in der Fertigkeit des Kreisens hinter den Tagraubvögeln, den Großen in dieser Kunst, sichtlich zurück.

Das Problem des lange dauernden Segelflugs ohne Ruderschlag endlich löst sich wenigstens teilweise durch die ganz besondere, zur Erzeugung des Auftriebs geeignete Flügelform der schwebenden Vögel. Alle Langflügler verstehen sich auf das Segeln, von den Breit- und Kurzflüglern erlernen nur wenige die Anfangsgründe des schweren Handwerks. Der windschnelle Falke und die eiligen Schwalben durchschneiden die Luft wie Pfeile auf ihren ruhig gebreiteten sichelförmigen Flügeln. So durchmessen sie weite Strecken, doch gelingt es ihnen nicht, spiralig zu kreisen, in langsamem Schweben dahinzugleiten, oder längere Zeit auf demselben Punkte schwimmend zu stehen.

Ein Praktiker des Flugs, G. Lilienthal (40, 47), erkannte den grundsätzlichen Unterschied im Flügelbau der Segler und Nichtsegler. Vielfache Messungen ließen ihn zum Schluß kommen, daß über den Grad der Segelfähigkeit das Verhältnis der Flügeldicke zur Flügelbreite und der Länge bis zum Handgelenk zur ganzen Flügellänge entscheide. Der vielerfahrene Beobachter und Fachmann fährt fort: »Den kurzarmigen Vögeln, Fasan, Brandgans und Krähe sind nur gelegentliche, kurze Segelflüge, wahrscheinlich bei Gegenwart aufsteigender Strömungen, möglich. Mit der Verdickung der Armglieder und gleichzeitiger Verlängerung derselben setzt die Segelfähigkeit ein. Raub-, Sumpf- und Seevögel gehören zu dieser Klasse. Sie erreichen im Kondor und Albatros das günstigste Verhältnis; diese haben es aber auch nötig, da sie von allen Vögeln die höchste Flächenbelastung für 1 m² haben. Beim Albatros beträgt sie 18 Kilogramm. Die langen Schwungfedern der Hühner und Krähenvögel taugen nicht zum Segeln, sondern dienen dem Vortrieb durch Flügelschläge. Schwer ist der Flug der Segler bei Windstille. Der Albatros meidet die Gegenden, wo selten starke Winde wehen«.

Ein kleinerer Flügel muß in derselben Zeit zahlreichere Schläge ausführen, als ein großer. Bei den kleinflügligen Kolibris steigert sich die Schnelligkeit des Schlags so sehr, daß das menschliche Auge dem Flügel nicht mehr zu folgen vermag und zu jeder Körperseite des Fliegers nur noch den unbestimmt begrenzten Nebel eines schwirrenden Halbkreises wahrnimmt. Die langen, schmal-sichelförmigen Flügel der in schimmernde Metalltöne gekleideten Tierchen dienen dem ruhelosen, blitzschnellen Flug von

Blume zu Blume und der schweren Arbeitsleistung des zitternden Schwebens an einer Stelle. Dabei wird der in fieberhafter Hast schlagende Flügel zur summenden Wolke, zum halbdurchsichtigen Schleier, aus dem der Farbenglanz des vom Sonnenlicht getroffenen Körpers in mannigfach wechselnden, leicht gedämpften Reflexen hervorstrahlt. Bei solcher Pracht findet auch der trockene Systematiker poetische Worte. Er vergleicht den entzückenden Anblick dieser buntgefiederten Schmetterlinge mit dem widerstrahlenden Geschmeide edler Steine, mit der Blüte, die sich im Frühlingslande nie welkender Blumen zum Flug vom Strauch und Zweig, dem sie entsproßte, löste.

Auch die kurzen und breiten Flügel des Eisvogels schwingen in schnellstem Heben und Senken. Scheinbar flügellos schießt das Tier am Bachrand von Weide zu Weide; wie ein grünschillernder Smaragd blitzt das von einem flüchtigen Lichtstrahl gestreifte Gefieder auf.

Je mehr die Flügelfläche anwächst, desto langsamer braucht das Luftruder zu schlagen. So holen die flügelgewaltigen Albatrosse und Fregatten nur in größeren Zwischenräumen zum gemächlichen Schlag aus.

Einige Zahlen mögen diese Ausführungen weiter belegen. Der fliegende Sperling führt den Flügelschlag 13mal in der Sekunde aus, der Mauersegler 16mal, die Ente 9mal, die Taube 4—8mal, die Schleiereule 5mal, die Rabenkrähe und der Bussard 3—4mal. Ruhsamer bewegt der Singschwan die Schwingen; er hebt und senkt sein Ruder etwa 3mal in der Sekunde, und die flugstarken Störche, Kraniche, Pelikane vollends begnügen sich damit, die Bewegung 1—2mal in derselben Zeiteinheit zu wiederholen.

In wie mannigfaltiger Erscheinungsfülle sich indessen der Flug der Vögel auch gestalten mag, alle seine Formen ordnen sich wenigen Hauptkategorien unter. Diese Gruppen schließen sich zu einer aufsteigenden Stufenleiter von Leistungsfähigkeit und Vollendung zusammen. Sie lassen sich nicht immer scharf begrenzen, und oft genug lösen sich die verschiedenen Flugformen nach dem momentanen Bedürfnis bei ein und demselben Vogel in zeitlicher Folge ab (47).

Aus dem plumpen, flatternden Sturz des Huhns geht der passive Gleitflug hervor, bei dem die stark gebreiteten Flügel die

Rolle des unbeweglichen Fallschirms spielen. Ohne Flügelschlag schwebt der Vogel in langsamem Fall, von der Luft wie ein Papierdrache getragen, zu Tal. Ihn bewegt der vorher durch aktives Rudern erhaltene Antrieb oder die durch die eigene Körperschwere gewonnene Kraft. So gleitet die Krähe vom Ast zur Erde; im Gleitflug legt die Taube die letzte Wegstrecke vor dem Schlag zurück, und mitten im Ruderflug durchgleiten Schwalbe und Raubvogel stetig sinkend kürzere Teile der Bahn mit bewegungslos gespannten Flügeln.

Den Wander- oder Ruderflug üben alle flugfähigen Vögel wenigstens zu bestimmter Zeit und zu bestimmtem Zweck. Seine Meister sind Taube, Storch, Krähe und Kranich. Der Flügel wirkt dabei als aktives Luftruder; als treibender Motor arbeitet die Muskulatur, so daß sich der Flieger durch eigene, von der Außenwelt unabhängige Kraft vorwärts bewegt. Das Verständnis für den Ruderflug haben uns Mareys und seiner Schule klassische Untersuchungen geöffnet (46, 59).

Vom Gleiten und Rudern weicht in allen Dingen die vollkommenste und wunderbarste aller Flugleistungen, das Segeln in seiner reinen Gestalt ab. Es wird zum kreisenden Schraubenflug, der den Vogel auf gewundener Bahn ungeheure Höhen ersteigen und der Erde entfliehen läßt, und zum eigentlichen Schwebeflug, der in horizontalem Dahinstreichen ohne Flügelschlag weiteste Strecken durchmißt. Wenn der Gleitflug zur Tiefe, zum Festland zurückführt, hebt die Segelgewandtheit hinauf in die lichten Höhen des Luftmeers. Ihr unersetzlicher Freund und Gehilfe ist der Wind. »Ohne Wind kein Segeln«, in dieser einfachen Formel treffen sich die Ansichten der neueren Beobachter des Schwebeflugs.

Vor kurzer Zeit allerdings gingen die Meinungen über das zoologisch und physikalisch so schwer zu deutende Phänomen noch weit auseinander. Nach den einen sollte der segelkundige Vogel die Fähigkeit besitzen, zwischen Haut und Muskulatur befindliche Taschen mit warmer Luft zu füllen und sich so zum schwebenden Ballon aufzublasen. Andere Autoren wollten den Segelflug durch rasche, dem menschlichen Auge unsichtbare Zitterbewegung der Flügel entstehen lasseu, und wieder andere schrieben den schwebenden Spiralflug der ausschließlichen Wirkung von über stark erwärmtem Gelände aufsteigenden

Luftströmen zu. Daß vertikal nach oben gerichtete Wellen der Atmosphäre das Schweben ohne Flügelschlag unterstützen, steht wohl außer Zweifel. Sie werden dem Vogel zum kraftvollen Helfer. Von ihnen gestützt, spielen die Möven stundenlang in reizvollem Segelflug vor steilen Felseninseln, an denen die Wucht des Windes sich bricht, so daß aufwärts flutende Luftströme entstehen. Auch beim Segeln hinter dem rasch fahrenden Schiff benützen die Seevögel senkrecht nach oben verlaufende Strömungen als Träger. Ballonversuche haben gezeigt, daß dem Fahrzeug zwei solcher Luftsäulen in regelmäßigem Abstand folgen. In der ersten von ihnen flutet die Luft mit einer Geschwindigkeit von 4 Metern in der Sekunde empor. Vom aufwärts strebenden Wind getragen, gelingt es den stets hungrigen Möven, sich mühelos, und ohne an Flughöhe einzubüßen, an die Spur des nahrungspendenden Schiffes zu heften. Auch am Rand des Waldes, über seinem Wipfelmeer und über dem Hochgebirge fluten stärkere Luftwellen nach oben, und wieder sind Bergmassive und Wälder die Bezirke, in denen der Vogel seine Schwebekunst entfaltet.

Doch bildet von unten nach oben sich bewegender Luftzug nicht die unbedingt notwendige Voraussetzung des Segelflugs. Denn unabhängig davon vermögen viele Vögel bei jeder Wetterlage, Tag und Nacht die Atmosphäre zu durchsegeln.

Auch die Annahme, daß der Schwebeflug mit bewegungslosen Flügeln unabänderlich an die Beschreibung einer Kreis- oder Zykloidbahn sich binde, fällt dahin. Die Segler bewegen sich weit häufiger in gerade verlaufender Linie, als in gewundener Schraubenkurve. So umschweben die Möven in regellos anmutigen Windungen tagelang das eilige Schiff, und der Albatros streicht auf gestrecktem Weg meilenweit über den Ozean.

Das treibende Agens des Segelflugs ist der Wind, sein passiver Vermittler der nach besonderen Gesetzen gebaute Flügel. Der Wind liefert die mächtige Kraftquelle zur Besiegung der Körperschwere und zur Erzeugung des Vortriebs. Seinen Wellen stellt sich der Flügel entgegen; er weiß sie in geschickter Orientierung zum kreisenden Schraubenflug auszunützen, wie zum langgestreckten Segelflug. Lionardo da Vinci wußte schon, daß die Zugvögel dem Wind entgegen segeln, indem sie ihre Schwingen in einem passenden Winkel gegen den Luftstrom richten. Flaut der Wind ab, so ermattet auch der Segelflug. Der Vogel sinkt, oder sieht sich gezwungen, mitten im untätigen Schweben zu kräftigen, aktiven Flügelschlägen seine Zuflucht zu nehmen. Immerhin vermag ein guter Segler in 1000 Meter Höhe bei schwachem oder widrigem Wind noch über 20 Kilometer weit dahinzugleiten, bevor er die Erde berührt. Ungünstiger, starker Gegenwind, der sich zum Sturm steigert und zum tosenden Orkan, verhindert beinahe jeden Flug Ihm wagen nur die gewaltigsten Flieger, die pelagischen Fregatten und Albatrosse, auf freier Meeresfläche zu trotzen.

Am günstigsten liegen die Verhältnisse für den Segelsport der Vögel an Orten, wo der Wind möglichst gleichmäßig und in nicht allzu stürmischen Stößen weht, auf weiten Ebenen, in großen Höhen über Berg und Tal und über der See auch in niederen Lagen.

Auf dem Meer liegt nur selten völlige Windstille, und in den höheren Luftschichten steigert sich rasch Schnelligkeit und Gewalt der atmosphärischen Strömungen. Das ergeben besonders klar auf dem Eiffelturm ausgeführte Beobachtungen. Auf der Spitze dieses hochragenden Bauwerks weht der Wind in der Regel mit dreimal größerer Geschwindigkeit, als an einem freien Punkt nahe der Erdoberfläche. Der Beschleunigungsunterschied prägt sich am schärfsten bei klarem und halbklarem Wetter aus.

Bei solchen Witterungsverhältnissen umkreisen auch die Schwalben am liebsten in reißender Segelfahrt den Turm; Taubenschwärme gleiten durch die Luft, und der Adler schraubt sich segelnd in die blaue Unendlichkeit. In den stark bewegten höchsten Regionen ziehen die Heere der Störche im Schwebeflug nach Süden, und über die Wellenkämme des sturmgepeitschten Meeres gleitet in unermüdlichem Spiel die Möve.

Kein anderer aber handhabt das Segel mit größerer Meisterschaft, als der Beherrscher der südlichen Weltmeere, der fluggewaltige Albatros. Er besitzt von allen Vögeln die längsten Schwungfedern und am weitesten tragen ihn seine über 4 Meter klafternden Flügel. Sie lassen ihn in einem Flug, der kaum Rast noch Ruhe kennt, den Erdball umsegeln. Der Freund und Ernährer des Albatros ist der Ozean, seine selten benützte Ruhestätte die Woge, sein heimatliches Reich, in dem er den größten Teil seines Lebens verbringt, die Luft. In ihr schwimmt der riesige Sturmvogel ohne sichtbare Flügelbewegung, wie von einer inneren unfaßbaren Kraft getragen. Er fällt und steigt, biegt ab in freier, leichter Bewegung und wendet wieder zurück in zierlich geschlungener Kurvenbahn. Jetzt kreuzt der Gebieter über Wasser und Luft das Schiff, nun umkreist er den hohen Mast, und dann eilt er wieder in mühelosem Flug dem schnellen Boot voraus, dicht über der See, doch so, daß die rollenden Wogen kaum seine Fußspitzen benetzen. Am entlegenen Horizont erkennt der Seefahrer als dunkle Punkte den Schwarm der kreisenden Flieger; nach einer Minute schon streichen die großen Vögel, die der Sturmwind beflügelt, durch das Tauwerk des stampfenden Fahrzeugs. So folgt der Albatros dem Dampfer, an ihn gekettet und doch wieder in selbstherrlicher Flugfahrt, wochenlang und tausende von Seemeilen weit. Er hebt, nach Brehm, den mächtigen Flügel nur alle fünf Minuten zum Schlag, bei stärkerem Wind kaum in Intervallen von sieben bis zehn Minuten; im Sturm soll der kühne Segler die kraftvoll gespannten Fittige unbeweglich ruhen lassen. So entsteht das Bild unbeschränkt überlegener Herrschaft über Wind und Welle, der Eindruck des von den Schwingen des Sturms getragenen Segelfliegers.

Der kreisende Spiralflug in seiner höchsten Vollendung kann nur von wenig zahlreichen größeren Vögeln und auch von ihnen nur bei bewegter Luft gewagt werden. Denn das Kreisen und Steigen ohne Flügelschlag beruht in vollstem Maße auf der Ausnützung der lebendigen Kraft des Windes zum Tragen und Fortbewegen des Vogelkörpers, auf der kunstvollen Verwendung wechselnder, besonders aufsteigender Luftströme. Die aktive Arbeit und eigene Anstrengung des Fliegers tritt stark zurück vor der passiven Mitwirkung anderer Faktoren. Den Muskeln fällt es einzig zu, die Flügel ausgespannt zu erhalten, den Körper durch leichte Drehungen und Wendungen zu balancieren und kaum erkennbare Steuerbewegungen auszuführen. Wenn gelegentlich dem kreisenden Schwebeflieger schwerere mechanische Leistung zugemutet wird, muß ihm der Ruderflug zu Hilfe kommen. Mit kräftigem Flügelschlag erzeugt der Adler die dem Segelflug fehlende Kraft, um die gewichtige Beute in den Fängen vom Erdboden in die Luft zu heben, und das Ruder muß der Möve zur eiligen Flucht vor dem Verfolger verhelfen. (Siehe über den Schwebe- und Kreisflug weiter Lilienthal und Staby, 40, 41, 42).

Einen besonders typischen Anstrich verleiht dem Flugbild der Vögel der Abflug, die Steuerung und die Art der Landung.

Den ersten Antrieb zum Flug, die nötige Anfangsgeschwindigkeit wissen die Federflieger in sehr verschiedener Weise zu gewinnen. Mit Hilfe der kräftigen Beinmuskulatur und unterstützt durch ein federndes Einknicken der Hinterextremität springt Krähe und Haubenlerche vom Erdboden ab. Die schwerfällige Henne sucht sich durch raschen Anlauf und mit plumpem Schlag der kleinen, untüchtigen Flügel in die Höhe zu treiben, und ähnlich rennen die hochbeinigen Stelzvögel, Storch, Kranich und Flamingo eine Strecke weit über den festen Untergrund, bis es dem gebreiteten Flugfächer gelingt, den Körper in die Luft zu tragen. Auch manche Raubvögel vermögen sich nicht ohne Anlauf von der Erde zu lösen; so bleibt der Kondor hilflos in der engen Fanggrube liegen, in die ihn der Köder lockte. Es fehlt ihm der Raum zum Anrennen in die Luft. Dem Mauersegler verbieten die schwachen, verkrüppelten Füße Anlauf und Absprung. Er läßt sich vom Gesimse des Turms, vom Vorsprung der steilen Wand mit entfalteten Flügeln in die Luft fallen; das eigene Körpergewicht erzeugt die zum wirksamen Gebrauch der Schwingen unentbehrliche Beschleunigung. Vom umbrandeten Felsenriff stürzen·sich Möve und Seeadler mit einigen kurzen Flügelschlägen ins Leere. Bald drehen sie sich gegen den Wind und lassen sich mit starr gespannten Schwingen vorwärts gleiten oder hinauf in die sturmbewegte Höhe. Die Taube hebt beim Aufflug die Flügel so stark, daß sich die Spitzen beim Aufschlag und Niederschlag klatschend berühren.

Manchen Vögeln gelingt es nur gegen den Wind aufzufliegen; andere verstehen es, sich direkt in die unbewegte Luft zu erheben. So streichen die steifflügligen Enten unvermittelt vom glatten, windstillen Spiegel des waldumsäumten Weihers ab.

Im Abflug sucht der Vogel in starker Anstrengung und auf verschiedenem Wege die Kraft zum Aufschwung in die Luft zu erlangen; bei der Landung gilt es vor allem, durch Bremsarbeit den Anprall auf dem festen Untergrund zu mildern. Und wieder sind die Bremsmethoden recht verschiedenartig.

Sobald sich der Flug zur Erde, zum Fels oder Baum niedersenkt, so geht er sehr oft in die lange Gleitbahn eines flachen Bogens über, und der Flügel, der eben noch rudernd die Luft

6*

schlug, übernimmt den Dienst des den schroffen Sturz hemmenden Fallschirms. Bei den Falken soll der kleine Daumenflügel im Moment des Anflugs auf den Baum Bremsarbeit leisten (60). Die Taube und die Möve richten, kurz bevor sie das Dach oder den Wasserspiegel erreichen, die Flügel hoch empor, bis ihre Spitzen sich über dem Rücken beinahe treffen. So beschließt ein rascher kurzer Absprung die Gleit- und Ruderfahrt durch die Luft. In anderen Fällen schmiegen sich die Flügel dicht an den schwer stürzenden Vogelkörper an. Wie ein vollgewichtiger Stein fällt dann der stoßende Raubvogel auf die erschreckte Beute.

Zur Steuerung des Flugs dienen dem Vogel in erster Linie feine, kaum wahrnehmbare Flügelbewegungen. Weniger wirkt als Steuerruder der schräg einstellbare Schwanzfächer. Gerade einige der besten Segler, die Möven und die flugtüchtigen Albatrosse, besitzen nur mäßig entwickelte Schwänze, und die Lappentaucher wissen ihren schnellen Flug trotz der Schwanzlosigkeit vortrefflich zu steuern. Ebenso büßen der Schwanzfedern beraubte Tauben die Steuerkunst nicht ein. Immerhin darf in manchen andern Fällen die Wichtigkeit des Schwanzsteuers für die Vögel nicht übersehen werden.

Der große Schwanz vieler Vögel tritt außerdem indirekt in den Dienst des Flugs. Er erlaubt durch seine Beweglichkeit den Seeschwalben und Fregatten jähe Wendungen in der gleichmäßig verlaufenden Bahn und vergrößert bei den Raubvögeln, wenn die Fänge durch die emporgehobene Beute stark belastet sind, die Trag- und Gleichgewichtsfläche nach rückwärts.

Wenn die Flugfähigkeit der Vögel wie ein schwer zu lösendes Rätsel anmutet, grenzt die Flugleistung vollends an das Wunderbare. An Schnelligkeit kommt dem Vogel kein fliegendes, schwimmendes oder laufendes Geschöpf gleich; an Ausdauer der Bewegung bleiben alle Lebewesen hinter dem befiederten Flieger zurück. Neuere Untersuchungen haben allerdings die alten, fabelhaften Zahlen über die Höhe des Flugs, über seine Windeseile und seine unbegrenzte Dauer stark herabgesetzt; doch bleibt die Leistung des fliegenden Vogels, an Zeit und Ort gemessen, immer noch staunenswert genug.

Tag und Nacht, fast ohne Unterbruch, ziehen die Kraniche über Land und Meer und legen in gleichmäßigem Flug in kurzer

Frist tausende von Meilen zurück. Vom ersten Morgengrauen bis zur sinkenden Nacht durchwirbeln und durchschneiden die Alpensegler die Luft, ohne Ermattung und Müdigkeit zu verraten, wie losgelöst vom festen Element und entledigt aller Erdenschwere. Jetzt umjagt die lärmende Schar in weiten Kreisen den Münsterturm; im nächsten Augenblick tragen die sichelförmigen, zum schmalen Halbmond sich fügenden Flügel die Segler in rastlosem Spiel zur blauen Höhe, und dann stürzt die Flugbahn wieder steil hinab zum Spiegel von Strom und See, und das Wasser benetzt die flüchtigen Schwingen. Die gesamte Tagesleistung der ruhelosen, unbändigen Flieger mag sich auf hunderte von Kilometern beziffern.

Auf dem flachen Erdboden jedoch wandelt sich der unvergleichliche Segler zum hilflosen, bedauernswerten Geschöpf, das sich nur mit dem Aufwand der letzten Kraft wieder in die Luft zu schnellen vermag. Die schwachen Krüppelfüße tragen den unbeholfenen Leib nicht mehr; ihre gebogenen Krallen dienen dem sich Festhaken am gotischen Maßwerk des Turms und der langsamen Kletterei an Mauer und Bretterwand und am sich überwölbenden Fels.

Schwer verständlich erscheint es auch, daß manche Vögel in den verschiedensten Höhen, deren wechselnde Luftdichtigkeit an die Flugkraft die verschiedensten Anforderungen stellt, in rascher zeitlicher Folge scheinbar mit gleicher Leichtigkeit zu fliegen vermögen.

Gegenüber solch vollständiger Beherrschung des Luftmeers und so weitgehender Ablösung von jedem festen Stützpunkt erhebt sich gebieterisch die Frage nach den letzten Grenzen biologischer Flugleistung. In neuester Zeit suchte Pütter, von physiologischen Betrachtungen ausgehend, die Antwort in gedankenreichen Aufsätzen zu geben (35).

Wie weiter oben erörtert wurde, findet die Flugbereitschaft der Insekten bei sich steigernder Körpergröße und zunehmendem Körpergewicht verhältnismäßig rasch ihr Ende. Ähnlich sinkt, nach Pütters Auseinandersetzungen, bei den Vögeln die Maximalgeschwindigkeit des Dauerflugs mit der Größenzunahme des Fliegers. Damit wird die Flugmöglichkeit überhaupt in nicht allzu weite Schranken gelegt. Die Taube erreicht die Geschwindigkeitsgrenze für eine längere Zeit andauernde Flugleistung etwa bei 20 Meter Vorwärtsbewegung in der Sekunde. Mit dieser Schnelligkeit vermag der Vogel bei den großen Wettflügen noch Strecken von 500—600 Kilometern zu durchmessen. Er strengt sich dabei, wie Pütter populär schreibt, »ebenso sehr an wie ein Holzfällerknecht bei schwerster Arbeit. Beim Bergsteigen ist die Anstrengung etwa ebenso groß«. Mit 25 Sekundenmetern dürfte für eine Taube die unüberschreitbare obere Leistungsgrenze gegeben sein. Gewöhnlich bewegt sich die Taube allerdings viel weniger rasch durch die Luft; ihre Geschwindigkeit mag in der Regel etwa 8,7 Sekundenmeter betragen. Dabei kann dem Vogel für kürzere Flüge eine Belastung von 75 Gramm, d. h. von $^1/_4$—$^1/_5$ des Eigengewichts ohne merkliche Herabsetzung der Fluggeschwindigkeit aufgebürdet werden (43).

Schwere Vögel, die Trappe und der Singschwan etwa, deren Gewicht an 10 Kilogramm heranreicht, während die natürliche Fluggeschwindigkeit etwa 17 Sekundenmeter beträgt, stehen schon dicht an der Grenze der Flugmöglichkeit. Sie erheben sich nur noch mit großer Anstrengung in die Luft und erbeuten ihre Nahrung nicht mehr im Fluge, sondern im Lauf auf dem Erdboden oder schwimmend auf dem Spiegel von See und Teich.

Die gesetzmäßigen Verhältnisse zwischen Körpergewicht des Fliegers und Flugmöglichkeit gelten indessen nur für den durch eigene Muskelarbeit des Vogels erzeugten Ruderflug. Wenn der Wind zur treibenden Kraftquelle wird und den Flug zum passiven Segeln oder Schweben wandelt, überschreitet auch die Flugleistung die engen, von Körpergröße und Gewicht vorgezeichneten Grenzen. Dann schwebt der schwere Albatros, von Luftströmungen getragen, unbekümmert um Ort und Zeit über dem Reich der Wogen.

Über die Höhe, welche die Schwinge des Vogels im Flug erklettern kann, gehen die Beobachtungen und Ansichten heute noch weit auseinander. Doch findet die Annahme Gätkes immer stärker begründeten Widerspruch, daß viele Zugvögel ihre Bahn, besonders bei klarem und windstillem Wetter, in unermeßlicher Höhe, der Sicht des menschlichen Auges vollkommen entrückt, suchen und finden. Zu vielfachen Mißverständnissen mag übrigens auch der Umstand Anlaß gegeben haben, daß die Höhen, die im Ruder- und im Segelflug erklommen werden können, recht verschieden sind. Sie bleiben verhältnismäßig bescheiden, wenn sie durch die eigene Muskelarbeit des Ruderns erstiegen werden müssen; sie überschreiten weit die durch die Körperkraft gezogenen engen Schranken, wenn der Wind zum mächtigen Bundesgenossen und Träger des segelnden Fliegers wird.

Gestützt auf Schätzung und Erfahrung galt es als gesicherte Tatsache, daß gewisse Vögel ihren Zug 10 000—12 000 Meter über der Erde ausführen. Die Sperber sollten sich bis zu 3000 Meter erheben, die Bussarde zu 3—4000, die Kraniche 5—8000, Enten und Gänse bis zu 1800 Meter. Diese von Gätke auf Helgoland gesammelten Zahlen fanden in der Literatur weite Verbreitung. Sie schienen durch Beobachtung am Fernrohr eine kräftige Stütze zu erhalten. Besonders W. Spill (44) versuchte die Entfernung, Zughöhe und Schnelligkeit von an der Mond- oder Sonnenscheibe vorbeiziehenden Vogelscharen astronomisch zu bestimmen und zugleich die Beziehungen des Wanderflugs zu Wind und Wetter klarzulegen. Er gelangte zum Schluß, daß die weitaus größte Zahl der Schwärme gefiederter Wanderer infolge ihrer gewaltigen Flughöhe dem Menschen verborgen bleiben. In hellen Herbst- und Frühlingsnächten seien die Vogelscharen so häufig, daß sie durch ihre Menge Fernrohrbeobachtungen geradezu stören. Fast alle in Geschwadern von über 20 Stück ziehenden Vögeln sollen in Höhen von weit über 1500 Metern fliegen. Für den Wanderflug bevorzugt werden Luftschichten von 1000—3000 Metern Höhenlage. Doch erheben sich gewisse Vogelarten beim Zug über 4000 Meter in die Luft empor.

Wohl mit Recht wies F. v. Lucanus (45) in jüngster Zeit auf den sehr hypothetischen Charakter der von Spill gegebenen Zahlen hin und auf die außerordentlich großen Fehlerquellen der von diesem Forscher angewendeten Methode der Fernrohrbeobachtung.

Gegen die Hypothese von der ungeheuren Zughöhe der Vögel sprechen die Erfahrungen der Luftschiffer. Schon bei 400 Metern liegt im allgemeinen die Grenze des Vogelzugs; bei 1000 Metern Höhe vollends verarmt der vom Ballon oder Flugzeug durchfahrene Luftraum gänzlich an Vögeln. Bis gegen 2000 Meter steigt etwa noch eine verirrte Lerche, und bei 3000 Metern segelt, fern vom niederen Getriebe, der einsame Adler.

Sürig nennt als größte Höhe, in die ihn auf seinen wissenschaftlichen Hochfahrten noch Vögel begleiteten, 1400 Meter.

Es handelte sich bei diesem Ausnahmefall um einen Flug von Krähen. Dabei besitzt der Einwand keine Geltung, daß der Ballon auf kilometerweiten Umkreis wie eine mächtige Vogelscheuche das gefiederte Volk abschrecke. Sogar durch den Anblick und den Propellerlärm eines mächtigen »Zeppelins« lassen sich die fliegenden Scharen von ihrer Richtung nicht ablenken. Sie setzen unbekümmert ihre Reise fort, wenn auch ihre Bahn den Weg des Riesenballons kreuzen und der Flügel die Hülle des Luftschiffs streifen sollte.

Was der Luftschiffer an Beobachtungstatsachen über die Höhe des Vogelflugs sammelt und verzeichnet, stellt nur die biologische Folge von Gesetzen dar, die für die Physik des Luftraums und für die Physiologie des Fliegers gelten.

Die Druckverhältnisse in den hohen Luftschichten und die in diesen erdfernen Räumen herrschenden Temperaturen machen die Theorie von der großen Zughöhe der Vögel unhaltbar. Wieder lehren die Ballonfahrten, daß in 5000 Meter Höhe die Mitteltemperatur $-20°$ C beträgt, und daß dort der Luftdruck nur noch einer halben Atmosphäre entspricht. Bei 7000 Meter über der Erdfläche fällt die Durchschnittstemperatur der Luft auf $-33°$, bei 8000 Meter auf $-46°$, bei 10 000 Meter auf $-53°$ C; zugleich sinkt der Luftdruck auf 298—198 Millimeter Quecksilber. In den gewaltigen Höhen, in die Gätke die Flugbahn mancher Vögel verlegt, muß jedes Leben unter dem Einfluß tiefer Temperatur und minimalen Luftdrucks erstarren.

Daß Vögel der Niederungen so unwirtliche Bedingungen eisiger Kälte und starker Luftverdünnung einige Zeit trotzen können, erscheint als Unmöglichkeit; denn nichts in der Organisation des Vogels deutet auf die Fähigkeit dieses warmblütigen Geschöpfes hin, sich vorübergehend an extremste äußere Verhältnisse anzupassen. Im Gegenteil, die Vögel erweisen sich gegen Abnahme von Temperatur und Luftdruck als sehr empfindlich, empfindlicher noch als die Säugetiere (48).

Die Kälte hochgelegener Luftschichten setzt für die Organismen auch die Möglichkeit stark herab, den zum Leben nötigen Sauerstoff aus der verdünnten Atmosphäre herauszuziehen. Damit erwachsen dem Vogel in erdfernen Lufträumen neue physiologische Gefahren. Von ihnen werden besonders rasch und schwer größere Vögel betroffen; denn die Leistungsfähigkeit sinkt rasch mit der zunehmenden Größe der Flugtiere, und die Flugarbeit ist am kleinsten bei hohem Luftdruck. Nach der physiologischen Theorie würde es einem Storch unter größter Muskelanstrengung gerade noch gelingen, in einer Höhe von 5500 Metern einen Dauerflug auszuführen. Doch fehlen einwandfreie Zeugnisse dafür, daß Vögel durch eigene Ruderarbeit längere Zeit in größerer Höhe als 4500—5000 Metern zu fliegen vermögen. Einzig eine neuere Beobachtung von Sven Hedin rückt die Höhengrenzen für den Ruderflug der Vögel noch etwas weiter vom Meeresniveau ab. Der berühmte Reisende sah auf einem Paß von Hochtibet, dessen Höhenlage 5500 Meter betrug, eine Schar ziehender Wildgänse das Lager in mäßiger Höhe überfliegen (49).

Pütter kennzeichnet die dem Ruderflug gesteckten Grenzen in folgendem Satz: »Die Vögel können eine um so geringere Höhe über dem Meer erreichen, je größer sie sind, denn um so früher ist bei ihnen der Punkt erreicht, an dem die Sauerstoffversorgung unzureichend wird, im Vergleich zu der Leistung, die die erhöhte Schwebegeschwindigkeit erfordert«.

Für gewöhnlich vollzieht sich der Zug der Wandervögel und jeder Ruderflug in Erdennähe. Er heftet sich an die Gestaltung von Berg und Tal, folgt den durch Strom und Fluß vorgeschriebenen Straßen und erhebt sich freiwillig nicht über die niedrigsten, das Antlitz der Erde verhüllenden Wolkenschichten. Stärke und Richtung des Windes, sowie die Bewölkung üben einen starken Einfluß auf die Flughöhe der Vögel aus.

Über den Wolken, außerhalb der Sicht der Erde, sind von den Luftschiffern nur sehr selten rudernde Vögel angetroffen worden. Vom schwebenden Ballon freigelassene Vögel senken sich alsbald zur Erde; oder sie kehren verängstigt zum Korb zurück, wenn eine Wolkenwand den Blick hinab auf das feste Land verdeckt. Wenn aber im Gewölk Fenster und Spalten sich öffnen, benützen die ihrer Richtlinie beraubten Vögel die Risse, um in die Tiefe, dem rettenden Erdboden entgegen, zu tauchen.

Freiwillig entfernen sich die Zugvögel somit kaum außer Sehweite der Erde. Die unterste Wolkenschicht bildet wohl die oberste Höhengrenze für den Ruderflug. Mit den zutal sinkenden Wolken und Nebeln rückt auch das Flugfeld der Schwalben zur

Tiefe. Einzig in Gebirgen, welche das Gewölk durchstoßen, steigt der Vogelzug hoch über den Wolkenschleier empor.

Aus den jährlichen, durch J. Thienemann abgelegten Berichten der Vogelwarte Rossitten auf der kurischen Nehrung ergibt sich ebenfalls klar, daß der Vogelzug sich im wesentlichen in Höhen von kaum 100 Metern bewegt. Nur an klaren, trockenen, windstillen Tagen heben sich die Zugstraßen etwas höher; aber auch dann beweisen die noch leicht erkennbaren Flugbilder größerer Vögel — Krähen, Gänse, Raubvögel, Kraniche —, daß die Flughöhen nur mit Hunderten, nicht aber mit Tausenden von Metern abgemessen werden dürfen. Rotkehlchen, Finken, Ammern, Meisen wandern kaum höher als 30—80 Meter; sehr oft liegt ihr Zugweg noch tiefer. Vielfache Erfahrung lehrt, daß auch Wildgänse und Kraniche oft genug in geringer Höhe über dem Meeresspiegel ziehen, und daß Stare, Lerchen und Drosseln beim Flug über die Nordsee beinahe die Wellen streifen.

Sogar die Brieftauben scheinen nicht zu sehr großen Höhen aufzusteigen. Sie überfliegen knapp die zu 1000—1400 Metern sich erhebenden Kuppen der deutschen Mittelgebirge, und wenn widriger Wind weht, oder Nebel und Regen die Sicht trübt und den Ausblick verschleiert, nähern sie sich dem Erdboden und benutzen sklavisch die durch Fluß, Berg und Wald gekennzeichneten Wege.

Für die Höhengrenzen des Ruder- und Wanderflugs gelten in vollem Umfang die Sätze, welche v. Lucanus (45) formulierte: »Nicht in unermeßlichen Höhen liegen die Zugstraßen der Vögel, sondern unweit der Erde, an welche die Vögel, trotz ihres Flugvermögens, ebenso gefesselt sind, wie alle anderen Lebewesen«.

»Wenn wir Kraniche, Wildgänse oder Störche so hoch über uns fortziehen sehen, daß wir gerade noch imstande sind, die Flugbilder zu erkennen, so dürfen wir nach meinen Sehproben und Berechnungen und unter Voraussetzung einer doppelten Sehschärfe des Beobachters diese Höhe auf höchstens 900—1000 Meter und, wenn dieselben Vögel nur noch als Punkte erkennbar sind, auf etwa 1500—2000 Meter veranschlagen, was wohl überhaupt die höchsten Regionen sind, zu denen Vögel auf ihren Wanderungen emporsteigen, und die man als niedrig bezeichnen muß, im Vergleich zu der von Gätke aufgestellten Hypothese.«

Zu ganz anderen Höhen, als der Ruderflieger, versteht es der

Schwebeflieger, sich aufzuschwingen. Durch eigene Flügelkraft allerdings würde es dem Schweber nie gelingen, gewaltige Höhen fliegend zu erobern. Ihn hebt die äußere Energiequelle des Windes, besonders aufsteigender Luftströme, scheinbar spielend über Berg und Tal.

Am weitesten vermögen sich die Hochgebirgsvögel in die Luft zu erheben, die Adler und Lämmergeier, die Bergkrähen und die beweglichen Wolken gelbschnäbliger Dohlen. Sie sind der verdünnten Atmosphäre angepaßt und kennen kein Gefühl des Schwindels und keine Anwandlung von Bergkrankheit. Zudem herrscht gerade im Gebirge an aufwärts gerichteten Luftwellen, die den Schwebeflug mächtig fördern, kein Mangel.

Alle Schweber aber übertrifft an aufstrebender Kraft der südamerikanische Kondor. Seine bevorzugte Heimat liegt auf den Anden, in einem Höhengürtel von 3000 — 5000 Metern. Alexander von Humboldt sah den riesigen Geier der neuen Welt am Chimborasso und Cotopaxi hoch über den die Ebenen bedeckenden Wolkenschichten schweben; weit unter dem Herrscher im Luftreich lagen öder Gipfel und blühendes Tal. Die Flughöhe schätzte Humboldt auf mehr als 7000 Meter. Spätere Reisende, Whymper und Goodfellow, nehmen dieselbe indessen höchstens zu 5200 Meter an. Für die Adler und Geier des Himalaya beanspruchen die Gebrüder Schlagintweit Flugerhebungen bis zu 7000 Metern.

Wenn somit der senkrechte Aufstieg der Vögel nur ausnahmsweise und nur mit der fremden, äußeren Hilfe des Luftstroms größte Zahlenbeträge erreicht, erweckt dagegen Ausdauer und Schnelligkeit des horizontalen Vogelflugs die Vorstellung der Unendlichkeit. Vor dem Flügel schrumpft Raum und Zeit zusammen, und wenn die Sprache das Bild größter Raschheit zeichnen soll, braucht sie das Wort »schnell wie ein Vogel«.

Bekannt ist der Falke Heinrichs II. geworden, der von der Jagd in Fontainebleau entflog und schon am übernächsten Tag auf der Insel Malta, 1400 Kilometer von der Abflugstelle entfernt, eingefangen wurde. Sein modernes Gegenbild liefert ein junger, weiblicher Kondor. Es gelang dem kräftigen Vogel am 9. Juli 1900 aus dem Tierpark in Marseille zu entweichen, und bereits wenige Tage später brandschatzte der Räuber die Schafherden im Ferwall bei St. Anton am Arlberg. Die wildzerrissene

Berggruppe der Tiroler Alpen mochte dem Geier die Felseneinsamkeit der heimischen Anden ins Gedächtnis zurückgerufen haben.

Solche Beispiele besagen indessen recht wenig über die wirkliche Schnelligkeit und Ausdauer des Vogelflugs. Genaue, positive Angaben über die Geschwindigkeit des Flugs fehlten bis in die neueste Zeit fast gänzlich; den Schätzungen aber gebrach es an einem zuverlässigen Maßstab. Weitaus die meisten in die wissenschaftliche und populäre Literatur aufgenommenen Zahlen leiden an starker Übertreibung.

Erst die jüngsten Arbeiten bauen sich auf sorgfältig gesichtetem Beobachtungsmaterial auf. Sie führen die Zahlen über Flugzeit und Flugstrecke auf das richtige Maß zurück und verleihen ihnen Zuverlässigkeit, ohne daß dadurch die wunderbare Leistung des fliegenden Vogels verkleinert würde.

Am besten sind aus naheliegenden Gründen Flugdauer und Flugschnelligkeit für den gefiederten Boten des Menschen, für die Brieftaube, bekannt geworden. Doch muß bei der Bewertung der gewonnenen Zahlen nicht außer acht gelassen werden, daß die Tauben als trainierte Haustiere in gewissem Sinn Kunstprodukte darstellen, deren Leistungen nicht ohne weiteres mit denjenigen wild lebender Vögel in Vergleich gestellt werden können. Auch ist zu bedenken, daß bei Dauerflügen nur der Moment des Abflugs und der Landung zeitlich genau bestimmt werden kann. Was zwischen diesen beiden Augenblicken liegt, die Richtung und Gestaltung der durchflogenen Strecke, das Tempo des Flugs und sein Wechsel, die Zahl und Dauer der eingeschobenen Rasten, entzieht sich jeder Beurteilung. Damit hält es auch ungemein schwer, zu einem vollgültigen Schluß über die normale Raschheit des Flugs zu gelangen.

Die berühmte Taube »Gladiateur« durchflog den 530 Kilometer langen Weg von Toulouse nach Versailles in weniger als einem Tag.

Der Taubengeschwindigkeit widmete der Zoologe E. H. Ziegler (5) überaus sorgfältige, kritisch gesichtete Studien. Er kam zu dem allgemeinen Resultat, daß die Eigengeschwindigkeit gut fliegender Tauben gegen 70 Kilometer in der Stunde beträgt, also fast die Schnelligkeit eines raschen Schnellzugs erreicht. In der Minute würde die Taube 1100—1150, in der Sekunde

18—19 Meter zurücklegen. Doch schlägt die Taube bei weitem nicht den Rekord in der Flugschnelligkeit. Sie wird glänzend besiegt von der Schwalbe. Ein Züchter in Antwerpen ließ die Brieftauben zugleich mit einer an seinem Haus nistenden Schwalbe von Compiègne aus auffliegen. Schon nach einer Stunde und sieben Minuten traf die Schwalbe in Antwerpen ein, während die rascheste Taube für die Durchseglung des Wegs von 235 Kilometern bis zum heimatlichen Schlag 3 Stunden und 45 Minuten bedurfte. Die Schwalbe flog dreimal schneller als die beste Taube; die eine durcheilte in der Minute 3480 Meter, die andere nur 950. Einer Schwalbe müßte es also glücken, in 10 Stunden von Mitteldeutschland nach Nordafrika zu fliegen, auch wenn kein günstiger Wind ihre Reise förderte. Doch wird sich bald zeigen, daß sich so schneller, ununterbrochener Fahrt unüberwindliche Schranken der Physiologie in den Weg stellen.

Wenn der Höhenflug der Vögel sich im höchsten Grade von der Bewölkung abhängig erwies, steht der horizontale Weitflug und seine Geschwindigkeit unter dem bestimmenden Einfluß von Stärke und Richtung des Windes. Auf ihren Wanderzügen verstehen es die Vögel vortrefflich, die ihrem Flug und Ziel günstigen Luftströmungen auszunützen. Zur Schnelligkeit des Flugs fügt sich dann beschleunigend die Eile und Kraft des Sturmes. So bringt uns, wie Häcker zeigt, der kräftig wehende Föhn die Schwalben, als Frühlingsboten über die Alpenketten aus dem Süden zurück. Umgekehrt verzögert starker Gegenwind die Reise und vermindert die Zahl der Reisenden, und bei heftigem Sturm ruht der Vogelzug vollkommen (siehe auch 60).

Nur wenn die meteorologischen Faktoren gebührend berücksichtigt werden, läßt sich auch die Eigengeschwindigkeit des befiederten Fliegers mit genügender Sicherheit berechnen. Die Ortsbewegung des Vogels in der Luft setzt sich eben im allgemeinen zusammen aus der eigenen Flugleistung und aus der hemmenden oder fördernden Zutat der Luftströmungen.

Es ist J. Thienemanns (50) Verdienst, unter Berücksichtigung aller Momente eine verbesserte Methode zur Bestimmung der Eigengeschwindigkeit der Vögel geschaffen zu haben. Die berechneten Zahlen bleiben beträchtlich hinter früheren Angaben zurück, die dem Vogelflug oft eine fabelhafte Geschwindigkeit zuerkennen wollen. Sie beziehen sich allerdings ausschließlich auf den Wanderflug, d. h. eine Flugart, die sich weniger durch Schnelligkeit, als durch Stetigkeit und Zielbewußtsein auszeichnet.

Über das durch Thienemann ermittelte Flugtempo mag die folgende Zusammenstellung Aufschluß geben.

	Eigengeschwindigkeit pro Sekunde:	Durchschnittsgeschwindigkeit pro Stunde:
Star	20,6 Meter	74,16 Kilometer
Dohle	17,1 »	61,56 »
Kreuzschnabel	16,6 »	59,76 »
Wanderfalke	16,45 »	59,2 »
Zeisige	14,6 »	55,8 »
Finken	14,5 »	52,56 »
Saatkrähe	13,9 »	52,2 »
Nebelkrähe	13,8 »	50,04 »
Mantelmöve	13,8 »	50,04 »
Heringsmöve	13,63 »	49,68 »
Sperber	11,5 »	41,4 »

Auf dem Wege stoffwechselphysiologischer Betrachtungen kam auch Pütter (35) dazu, die vermeintlichen ungeheuren Geschwindigkeiten der Vögel in Abrede zu stellen. Als oberste Grenzwerte, die nicht mehr überschritten werden können, nennt er für die Taube 22,5 Meter in der Sekunde, für die Krähe höchstens 23,8 Meter, für die Schwalbe 34,5 Meter und für den Mauersegler 31,5 Meter. Dagegen errechnete Spill (51) bei seinen Fernrohrbeobachtungen weit höhere Geschwindigkeitszahlen für den Flug der Vögel. Nach diesem Autor sollen Mauersegler und Möven in der schwer faßbaren unbändigen Eile von 223 Kilometern in der Stunde vorwärts stürmen, und weit über Schnellzugsgeschwindigkeit würde sich der Flug der Enten, Drosseln, Schwalben, Ammern, Kiebitze und Wachteln mit Stundenleistungen von 100—155 Kilometern steigern. Doch mag hier wieder daran erinnert werden, daß die von Spill gewählte astronomische Beobachtungsmethode einer strengen Kritik kaum standhält.

In manchen Fällen jedoch, außerhalb des gleichmäßigen, oft beinahe gemächlichen Wanderflugs mag für kürzere Zeit die Schnelligkeit der Vögel zur Windeseile anwachsen. Dann durchschneiden die der Beute nachstürmenden Raubvögel und die vom Jäger aufgescheuchten Enten pfeilschnell die Luft, und der Turmsegler fordert in seiner Hast den Vergleich mit dem Blitz heraus und mit dem flüchtigen Gedanken.

Bis vor nicht allzu langer Zeit schrieb man manchen Vögeln die Fähigkeit zu, weiteste Strecken ohne Ruhe und Rast und ohne jede Nahrungsaufnahme zurückzulegen. Noch im Jahre 1909 wurden bei Gelegenheit der Internationalen Luftschiffahrt-Ausstellung in Frankfurt am Main zwei solcher schwer verständlicher Rekordleistungen graphisch auf der Weltkarte dargestellt.

Der eine dieser Dauerflieger, den sein rastloser Flügel über ungemessene Strecken trägt, ist der amerikanische Goldregenpfeifer (*Charadrius dominicanus*). Seine Brutstätten liegen in Alaska und im arktischen Küstengebiet von Kanada östlich bis zur Hudsonbai. Nach dem kurzen Polarsommer wandern die alten Vögel mit den eben flügge gewordenen Jungen nach Labrador und Neuschottland, um in einem gewaltigen Flug über das Meer dem südamerikanischen Kontinent zuzustreben. Die Küste von Guyana bietet ihnen den ersten festen Untergrund und über Venezuela und Brasilien fliegen sie auf vielfach unbekannten Wegen nach dem Winterquartier in Argentinien und vielleicht sogar in Ostpatagonien. Dem Heimflug zur nordischen Brutstätte dient eine andere Straße, so daß sich für den jahreszeitlichen Flug des Regenpfeifers eine gewaltige Wanderellipse bildet, deren große Achse über 11 000 Kilometer mißt. Auf dieser riesigen Luftfahrt sollten die Vogelscharen tausende von Kilometern weit in unglaublicher Eile das offene Meer queren, wo keine Klippe Halt und kein Eiland Rast gewährt. Nur bei ungünstigem Wind und Wetter würde ihnen der Archipel der Bermuden und die Insel Barbados Zuflucht bieten.

Ähnlich wurde angenommen, daß die Blaukehlchen die Wegstrecke von 3000 Kilometern zwischen Ägypten und Helgoland ohne Aufenthalt in einer Nacht durchfliegen.

Die Angaben von so rätselhafter Ausdauer verweist Pütter (35) in das Reich der Fabel. Sichere Daten der Stoffwechselphysiologie erlauben den Schluß, daß den Leistungen im Schnell- und Dauerflug weit engere, unüberschreitbare Grenzen gezogen sind, als angenommen wurde. Der Goldregenpfeifer vermag, ohne Nahrung zu schöpfen, höchstens 785 Kilometer in einem Zug zu durchmessen; selbst wenn dem Vogel auf der ganzen Reise der denkbar günstigste Wind zu Hilfe kommen würde, könnte sich die ununterbrochene Flugstrecke nur auf 1500—1600 Kilometer dehnen. Eine Rast ohne Nahrungsaufnahme müßte die maximale Strecke sehr stark verringern.

Ähnlich reduziert sich, vom physiologischen Standpunkt aus geprüft, die Flugleistung des Blaukehlchens. Normal wird dieser kleine Vogel kaum imstande sein, Entfernungen von mehr als 440 Kilometern ohne Aufenthalt zu überwinden, und selbst bei stetem, günstigsten Wind dürfte die Flugstrecke den Betrag von 1000 Kilometern nicht erreichen.

Ein 600-Kilometerflug liegt auch für die Brieftauben bei einer durchschnittlichen Geschwindigkeit von 18 Metern in der Sekunde und bei den besten Witterungsbedingungen hart an der Grenze des physiologisch Möglichen. Bei widrigem Wetter suchen schwächere Flieger, Schwalben, Stare, Bachstelzen und Wiedehopfe, auf der Meerfahrt ermattet das rettende Schiff auf, und die Wachteln, die das Mittelmeer auf einer Strecke von 400—500 Kilometer Länge überqueren, fallen kraftlos und erschöpft, des Weiterflugs unfähig, den italienischen Vogelstellern in die Netze. Pütter darf wohl mit Recht die Ergebnisse seiner Studien in den Satz zusammenfassen: »Es ist aus stoffwechselphysiologischen Gründen im höchsten Grade unwahrscheinlich, daß es irgendeinen Vogel gibt, der 1000 Kilometer oder mehr mit nur eigener Kraft ohne Nahrungsaufnahme durchfliegen kann«.

Die Anforderungen des Stoffwechsels schreiben dem Dauer- und Weitflug eherne Gesetze vor und stecken ihm ein begrenztes Ziel.

Es bietet ein gewisses Interesse, mit dem Schnellflieger aus dem gefiederten Volk den Schnelläufer aus der Sippe der Säugetiere zu vergleichen. Der gehetzte Hase durchläuft nicht selten gegen 50 Kilometer in der Stunde, und ein berühmtes englisches Rennpferd, Loo Dillan, durcheilte die Bahn mit der Geschwindigkeit von 13 Metern in der Sekunde oder 780 in der Minute. Der Renner hätte den vollen Sieg dem mittelmäßigen Flieger, der Taube, überlassen müssen.

Auch der Mensch überholt mit den von der Technik geschaffenen Bewegungsmitteln die Eile mancher Vögel nicht. Auf dem Erdboden durchrast der schnellste Eisenbahnzug etwa 90 Kilometer in der Stunde, und ein Zeppelin bewegte sich im Jahre 1909 auf der Fahrt von Friedrichshafen nach Frankfurt mit einer Durchschnittsgeschwindigkeit von 69 Stundenkilometern durch die Luft.

Der Flug macht das Leben des Vogels aus, er bestimmt alle Handlungen und Leistungen des beflügelten Geschöpfs und beherrscht sein Tun und Lassen vom Augenblick des Flüggewerdens bis zum Tod. Unablässig wird der Flügel gebraucht; es ist, als ob der Besitz hochentwickelter Bewegungs- und Wanderorgane zu ihrer Anwendung fortwährend auffordere und ansporne.

Mit den Schwingen erobert sich der Vogel den Erdball. Sie tragen ihn über Meere und Länder, von Insel zu Insel, vom Äquator zum Pol und verleihen ihm das Weltbürgerrecht und die Herrschaft über sämtliche Zonen. Der leistungsfähige Flügel hat die Schwalben in gewissem Sinn zu Kosmopoliten gemacht, ihnen im Winter die südliche, im Sommer die nördliche Halbkugel eröffnet. Nur in den mittleren Strichen des weiten Verbreitungsgebiets kommt die ruhelose Schwinge zur Rast; die Wanderung verkürzt sich, und die Schwalben werden zu Strich- oder sogar zu Standvögeln.

Auf bescheidener, aber ausdauernder Flugfahrt drang die Waldamsel in die Gärten und Anlagen der Stadt vor, der Girlitz dehnt seinen Wohnbezirk in Deutschland stetig nach Norden aus; Turteltaube und Star suchen sich fliegend England zu unterwerfen, und dem Haussperling ist es gelungen, im vorigen Jahrhundert im Lauf kurzer Jahrzehnte fast ganz Nordamerika zu besiedeln.

So erschließt der Flügel seinem Besitzer alle entlegenen Wohnstätten, alle Nistplätze und alle Nahrungsquellen. Er erweitert das ständig besetzte Heimatgebiet. Die leichte Schwinge wird dem Vogel zum Gefährten auf der Jagd, zum Freund bei Erholung und Spiel, zum Retter aus bitter drohender Not und zum Gehilfen seiner Liebe.

Auf starken Fittichen durchstreift der Adler sein Jagdgebiet, er schwebt hoch über Tal und Berg und erspäht mit dem wunderbar weitsichtigen Auge die Nahrung tief auf der Erde; dann stürzt er sich in rasendem Fall auf die ahnungslose Beute, die keine Flucht mehr rettet und kein Versteck schützt.

In geschmeidigem Flugspiel umflattern die Wolken der Bergdohlen den ragenden Felszahn; sie fallen ein in die senkrechte

Wand, um im nächsten Augenblick hoch oben auf blauem Himmelsgrund zu einem durchsichtigen, dunklen Schleier sich zu breiten, den ein Windhauch und die Laune des Flugs in stets sich verändernde, wallende Falten legt.

Auf eiligem Flügel streicht Amsel und Fink im harten Winter vom rauhen Berg zum milden Tal, von der schattigen Nordhalde zum sonnigen Südhang, vom öde werdenden Wald zum Futterbrett, vor dem Fenster des Menschen. In ausgiebigem Zug suchen die Möven, die Flüge der Stare und die Geschwader der Krähen nahrungsreiche Orte, Ufer von Flüssen und Seen und weitgedehnte Ackerfelder auf.

Unter den Tropen fliegen die Schwärme der Papageien den reifenden Früchten nach, und zur Wanderzeit brachen früher die Tauben in Nordamerika in ungezählten und ungemessenen Scharen nahrungsuchend und plündernd auf. Ihre Heere verdunkelten das Tageslicht, und das Rauschen ihrer Flügel übertönte den Orkan und das brausende Meer.

Weither vom offenen Ozean kehren die fluggewaltigen Seevögel, wenn die Brutzeit naht, zur engen Felsklippe zurück, auf der sie das Licht der Welt erblickten. Das tote Riff wandelt sich für Wochen zum von Leben erfüllten Vogelberg.

Unter dem im Jahreslauf regelmäßig sich ablösenden Einfluß des nagenden Hungers und des erwachenden Fortpflanzungstriebs steigert sich endlich die Wanderlust, die jedem Vogel innewohnt, zur höchsten Macht, und ihre Äußerungen kleiden sich in die wunderbarste Form. Der Flügel wird zum Vermittler der gewaltigsten aller tierischen Reisen, des nach Zeit und Ort von unabänderlichen Gesetzen beherrschten jahreszeitlichen Wanderzugs der Vögel, der doch wieder alle zeitlichen und örtlichen Schranken siegreich überwindet. Im Herbst trägt der Fittich zum reichbestellten Tisch des Südens; im Frühjahr führt er zurück zum heimatlichen Nest im Norden, zur Stätte der Liebe und des Eheglücks.

Mit den regelmäßigen Jahreswanderungen der Vögel erklimmt der Flug den ragenden Gipfel mechanischer und biologischer Leistung. Mehr als die Hälfte der europäischen Vögel ziehen im Herbst und im Frühjahr. Die Vorbereitungen zum Zug, die Massenversammlungen und Flugübungen, die Ankunft und Abreise verleihen dem Landschaftsbild bestimmende und auffallende Eigenschaften, deren Fehlen das einheitliche Gefüge der äußeren Erscheinung des Naturganzen lockern würde.

Im Zuge selbst aber drängt das Streben nach dem fernen Ziel alle anderen Lebensinteressen, die Leistung des Flügels alle anderen Lebensleistungen des Vogels weit zurück.

Ein vortrefflicher Kenner des Vogelzugs, J. Thienemann (50), der Leiter der Vogelwarte auf der kurischen Nehrung, schreibt: »Die Erde und alles, was da unten locken möchte, ist für die auf der Wanderschaft befindlichen Vögel nicht vorhanden; irgendwelchen Ablenkungen sind die Zugscharen nicht zugänglich; gewisse Triebe und Regungen scheinen ganz eingeschlafen, und da ziehen dann die Buchfinken ruhig neben ihren Erbfeinden, den Finkenhabichten, dahin, und die Schwanzmeisen, die sonst beim Umherstreichen das kleinste Buschwerk nicht unbesucht lassen können, fliegen hoch in der Luft über das einladendste Gestrüpp hinweg. Das ganze Trachten ist darauf gerichtet, vorwärts zu kommen.«

Dieser Satz behält seine Gültigkeit im Herbst bei der Ausreise nach dem sonnigen Süden; er bewahrheitet sich doppelt im Frühjahr bei der Rückkehr zum heimatlichen, angestammten Nest. Dann steigert sich nicht selten die Fahrt zur Windeseile; sie meidet jeden Umweg und verzichtet auf jede Rast; alte und junge Vögel folgen willig einer dunkeln Gewalt, einer unbewußten Anhänglichkeit an die Brutheimat, die sie beim Anbruch der schönen Jahreszeit unwiderstehlich nach Norden zurückruft.

Unbegrenzt beinahe sind die Wanderleistungen der Vögel, an Zeit und Ort gemessen. Durch ganz Afrika und Indien segeln in leichtem, schönem Flug die ziehenden Störche; sie kreisen in prachtvoll gewundener Schraubenlinie zur Höhe und gleiten ohne Flügelschlag während langer Zeit über weitgedehnte Strecken. Endlich läßt sich die Wanderschar zu kurzer Rast nieder; sie bedeckt das schlammige Ufer des indischen Stroms und die frischergrünte, innerafrikanische Steppe.

Die Störche, die im Frühjahr ihr Nest auf den Kirchtürmen der Schweiz und Süddeutschlands bauten, oder an den Gestaden der Ost- und Nordsee nisteten, jagen im Winter, zusammen mit den Marabus, Heuschrecken in Deutschostafrika; ja ihr unermüdlicher Flügel trägt sie auf ihrer Herbstreise weit hinaus über die Quellen des blauen Nils, über den Viktoria Nyanza und den Tschadsee bis nach Natal und Kapland und bis in die Kalahari.

Den vor dem Nordwinter fliehenden Zugvögeln wandern in umgekehrter Richtung die gefiederten Scharen der südlichen Hemisphäre entgegen. Die Vögel Patagoniens und des Feuerlandes streben nach Argentinien und Brasilien; die südafrikanischen Vögel verlassen zur Hungerzeit ihre Sommerheimat und nähern sich dem Äquator. So treffen etwa in äquatorialen Gegenden Flüchtlinge aus dem hohen Norden und aus dem tiefen Süden zusammen, die dieselbe Not zum Auszug zwang.

Kein Vogelflug hat seit dem Altertum die Aufmerksamkeit des Menschen stärker gefesselt und seine Phantasie mächtiger angeregt, als die nach Menge der Ziehenden, nach äußerer Erscheinung und Ausdehnung unvergleichliche Wanderfahrt der Kraniche.

Ein breiter Gürtel der alten Welt, von Ostsibirien bis nach Skandinavien, von den niederen Tundren Nordasiens bis tief hinein nach Mitteleuropa, bildet die Heimat des reiselustigen Vogels.

Im Sommer erreicht der graue Kranich mit nie erlahmendem Flügel die höheren Breiten der gemäßigten Zone und sogar die Polargegenden; in der harten Jahreszeit sucht er die Wendekreise auf. Dann wandern die Kranichheere vom ostsibirischen Eismeer über Kamtschatka bis nach China, Siam und Hindustan und aus Europa über das Mittelmeer nach Zentralafrika und weiter südwärts bis zum Kap der guten Hoffnung. Deutschland und die Schweiz überfliegen die Wanderer auf der Ausreise in den ersten Oktobertagen und auf der Rücksreise Ende März. Sie ziehen hoch über die deutschen Mittelgebirge und über die ragenden Zinnen der Alpen. Nur das wirre Geschrei der krächzenden Stimmen verrät manchmal die eiligen Geschwader. Schon im Oktober lassen sich die Vogelwolken zu kurzer Rast auf den Sandbänken der Flußläufe Afrikas und Indiens nieder. Tag und Nacht geht die unermüdete Reise weiter. Sie durchmißt jährlich dieselbe, seit Jahrtausenden vorgezeichnete, von Nordost nach Südwest gerichtete Bahn und bindet sich ebenso streng, wie an den Ort, an die in knappe Schranken gelegte Reisezeit.

Wenn die Wanderlust erwacht, finden sich zuerst Dutzende von Kranichen zu Gesellschaften zusammen; neue Ankömmlinge schließen sich fortwährend an; es bilden sich volkreiche Geschwader, und aus ihnen werden durch Zahl und strenge Ordnung überwältigende Wanderheere.

Die fliegenden Legionen gliedern sich in kleinere und größere Haufen, die der Wandertrieb zusammenhält und der unverbrüchliche Zwang, derselben Straße zu folgen. Jede Unterabteilung bewahrt im Flug ihr gesetzmäßiges Bild. Sie formt sich zu einem Keil, dessen einer Schenkel stets viel kürzer bleibt als der andere. Seltener ordnen sich die Vögel zu einer einzigen schrägen Linie. Schon Cicero spricht von den Dreiecken der ziehenden Kraniche.

Die Keillinien brechen sich, zerreißen und knüpfen sich wieder zum einheitlichen, stets bewegten Band. Sie überschneiden sich und lösen sich voneinander in ewig wechselndem, flutendem Spiel, und ein Gesetz und ein Gedanke leitet die unerschöpften Wellen des dahingleitenden Vogelstroms.

In der jahreszeitlichen Wanderung erfüllt der Vogelflug seinen letzten biologischen Endzweck als doppelter Lebenserhalter. Er rettet das Individuum durch Flucht aus dem unwirtlichen Norden vor Winterkälte und Hungersnot und sichert die Fortexistenz der ganzen Art, indem er die Wanderscharen in unwiderstehlichem, lenzlichem Drang die nordischen Niststätten suchen und finden läßt.

Es mag nahe genug liegen, neben den Geschöpfen, denen eine gütige Natur Flügel verlieh, des einzigen Wesens zu gedenken, das sich seine Schwingen in harter, eigener Geistesarbeit im Lauf der Jahrhunderte erringen mußte. Heute ist die althellenische Sage von Dädalus und Ikarus zur Wahrheit geworden, der Mensch vermag sich in selbstgewolltem und selbstgeschaffenem Flug über Meer und Land, über den Dunst der Niederungen zu erheben. Ein Wunsch, der am lichten Tag nicht schwieg und nicht im sehnsüchtigen Traum der Nacht, hat sich erfüllt.

Doch verstummt das Wort des Stolzes auf den Lippen; es erscheint wie eine tiefbegründete Tragik, daß dem Menschen jedes Göttergeschenk zum Unheil sich wendet. Die Fackel, die Prometheus auf dem Olymp entzündete, ward zum verheerenden Feuerbrand, und Fausts Zaubermantel dient heute nicht dem Leben, sondern dem Tod. Er sendet Verderben zur Erde, er schwebt über dem namenlosen Grauen blutiger Schlachtfelder und brennender Dörfer und nicht über wogenden Feldern und den Stätten friedlicher Arbeit. Der Flügel des Menschen hebt nicht zu den Göttern empor, denen die Phantasie Schwingen verlieh, er führt zu den Dämonen des Kriegs und der Zerstörung.

Und doch muß und wird die Zeit anbrechen, da auch die Schwingen des Menschen als wirkliche Göttergabe den Werken des Friedens dienstbar sind, dem Verkehr, der Völker verbindet, und der Wissenschaft, die den Erdball umspannt.

Dann erst wird die Sehnsucht ganz gestillt sein, von der Goethe singt:

> »Doch ist es jedem eingeboren,
> Daß sein Gefühl hinauf und vorwärts dringt,
> Wenn über uns, im blauen Raum verloren,
> Ihr schmetternd Lied die Lerche singt,
> Wenn über schroffen Fichtenhöhen
> Der Adler ausgebreitet schwebt,
> Und über Flächen, über Seen
> Der Kranich nach der Heimat strebt.«

Anmerkungen.

1) Döderlein, L., Über die Erwerbung des Flugvermögens. Zoologische Jahrbücher, Abt. Systematik, Bd. 14, 1901.

2) Branca, W., Fossile Flugtiere und Erwerb des Flugvermögens. Abhandlungen K. Preuß. Akademie d. Wissenschaften, Physik.-Math. Klasse, 1908.

In interessanter Weise zieht Branca eine Parallele zwischen dem Fliegen und Schwimmen der Tiere. Beide Bewegungsarten sind in bezug auf die Leistung der Natur sehr verschiedenartig, in bezug auf das, was sie dem Tier geben, Loslösung vom festen Untergrund, bedeuten sie genau dasselbe.

»Erklären wir das Fliegen für die Fähigkeit eines Tieres, sich von diesen Banden freizumachen und sich erheben zu können in dasjenige Medium, in welchem es atmet, so zeigt sich sofort, daß wir für die im Wasser lebenden Tiere genau denselben Gegensatz haben, zwischen denen, welche an den Boden gekettet sind und denen, welche zu fliegen vermögen. Nur daß wir hier das Fliegen heute als Schwimmen bezeichnen.«

Die Wassertiere verfügen über die verschiedensten Grade der Schwimmfähigkeit, wie die Lufttiere über eine reiche Stufenleiter der Flugfähigkeit.

3) Weltbürgertum besitzt der ganze Stamm der Vögel. Von den einzelnen Arten bewohnen nur einige wirklich alle Teile der Erde. So ist die Sumpfohreule aus allen fünf Kontinenten bekannt, und auch der Steinwälzer lebt an den Küsten aller Erdteile.

4) Die Krabbenspinnen verdanken ihren Namen der Gewohnheit, ähnlich wie Krabben seitwärts zu laufen. Sie bilden die artenreiche Familie der Thomisiden.

5) Ziegler, E. H., Die Geschwindigkeit der Brieftauben. Zoologische Jahrbücher, Abt. Systematik, Bd. 10, 1887.

6) Über diese Verhältnisse gibt R. Hesse in seinem Buch »Der Tierkörper als selbständiger Organismus, Leipzig und Berlin, 1910«, folgende Zusammenstellung:

	Körpergewicht	Flügelfläche auf 1 Gramm Gewicht
Bremse	0,16 Gramm	11 000 mm^2
Libelle	0,92 »	2 500 »
Ligusterschwärmer	1,92 »	1 000 »
Rauchschwalbe	20 »	675 »
Mauersegler	33 »	425 »
Turmfalke	260 »	260 »
Seeadler	5 000 »	160 »

7) Leuckart, R., Der Bau der Insekten in seinen Beziehungen zu den Leistungen und Lebensverhältnissen dieser Tiere. Archiv f. Naturgeschichte, Bd. 17, 1851.

8) Von neueren Abhandlungen über den Flug der Käfer verdienen Erwähnung:

Dahl, F., Über Bau und Funktion der Flügeldecken der Käfer. Naturwissenschaftl. Wochenschrift, 1906.

Sajó, K., Der Käferflug. Ibidem, Jahrg. 22, 1911. Sajó vertritt die Ansicht, daß die Flügeldecken der Käfer nur ein Schutzorgan der häutigen Flügel darstellen, zum Fluge aber unnötig und überflüssig sind. Die Steuerung übernehmen die Flügel selbst, »sie genügen nicht allein, den Käferkörper in die Luft zu tragen, sondern auch, die Richtung des Flugs zu bestimmen«.

Demoll, R., Die Auffassung des Fliegens der Käfer. Zoolog. Anzeiger, Bd. 49, 1918, sagt, daß die Schlagzahl der Flügeldecken dieselbe zu sein scheine, wie diejenige der Flügel. Die Amplitude des Schlags sei geringer, indem die Elytren sich nicht von oben bis unten, sondern nur von oben bis etwa zur Horizontalen bewegen.

9) Eine anschauliche Schilderung der flügellosen Insekten der Kerguelen gibt C. Chun in der Reisebeschreibung der Deutschen Tiefseeexpedition (Aus den Tiefen des Weltmeers, Jena, 1900). In den Blattscheiden des Kerguelenkohls lebt häufig die vollkommen ungeflügelte Dipterenart *Calycopteryx Moseleyi* Eaton. Eine andere Fliege, *Amalopteryx maritima* Eaton, weist funktionslose, sensenförmige Flügelrudimente auf; sie versteht es, mit den kräftig entwickelten Schenkeln der Hinterbeine weite Sprünge auszuführen. Zahlreich sind flügellose Arten der Rüsselkäfergattung *Ectemnorhinus* Dazu kommt die den Kerguelen eigene Motte *Embryonopsis halticella* Eaton, mit sehr stark verkürzten Flügeln.

10) Es handelt sich um die von der belgischen antarktischen Expedition im äußersten Süden entdeckten Mücken *Belgica antarctica* und *Jacobsiella magellanica*. Beide besitzen kurze, rudimentäre Flügelstummel.

11) Marey, E. J., Recherches sur le mécanisme du vol des Insectes. Archives de l'anatomie et de la physiologie, 6.

Von neueren Abhandlungen siehe: Bull, L., Recherches sur le vol de l'insecte. Compt. Rend. Paris, T. 149, 1909. Bull verwandte bei seinen Untersuchungen die chromophotographische Methode, die es gestattet, in der Sekunde eine große Anzahl von Bildern zu erhalten. Als Objekt diente ihm vorzüglich die Libelle *Agrion*.

12) Möbius, K., Die Bewegungen der fliegenden Fische durch die Luft. Zeitschrift f. wiss. Zoologie, Bd 30, Supplement, 1878.

13) Seitz, A., Das Fliegen der Fische. Zoologische Jahrbücher, Abt. f. Systematik, Geographie und Biologie der Tiere, Bd. 5, 1891.

14) Eine ähnliche asymmetrische Schwanzflosse besaß die triasitische Gattung *Thoracopterus*, die ebenfalls fliegen konnte

15) Ähnlich mag *Hemiramphus* fliegen, den Siebenrock in Massaua aus dem Wasser emporschnellen und kurze Zeit über der Meeresfläche dahinschweben sah.

16) Von den zahlreichen Abhandlungen über den Fischflug seien außer den Arbeiten von Möbius (12) und Seitz (13) noch folgende als

besonders wichtig genannt: Du Bois-Reymond, R., Über die Bewegung der fliegenden Fische, Zoologische Jahrbücher, Abt. f. Systematik, Geographie und Biologie, Bd 5, 1891; Dahl, F., Die Bewegung der fliegenden Fische durch die Luft, ibidem; Dahl, F., Zur Frage der Bewegung fliegender Fische, Zoologischer Anzeiger, 1892; Seitz, A., Noch ein Wort über das Fliegen der Fische, Zoologischer Anzeiger, 1891; Ahlborn, F, Der Flug der Fische, Programm d. Realgymnasiums d. Johanneums, Hamburg, 1895.

Nach Seitz vermag Exocoetus die Flossenflügel in freier Luft ganz außerordentlich schnell zu bewegen; am Schwanz hochgehalten, zittert der Fisch lange mit den Flossen, wie ein Nachtfalter, der eben wegfliegen will. Die Zahl der Flossenschläge beträgt normal 10—30 in der Sekunde; sie hängt von der verschiedenen Länge des Flugfisches ab und stellt sich zu der Größe des Tieres in umgekehrtes Verhältnis. Dagegen steht die Fluggeschwindigkeit zur Größe des Fisches in direkter Beziehung. Sie soll bei Fischen von etwa 10 Zentimeter Länge ziemlich genau 7,2 Meter in der Sekunde ausmachen, bei größeren Exemplaren den doppelten Betrag erreichen.

17) Abel, O., Fossile Flugfische. Jahrbücher d. k. k. Geolog. Reichsanstalt, Bd. 56, Wien, 1906

18) Besondere Feinde der fliegenden Fische sind unter den Seevögeln *Phönicurus* und *Phaëton*.

19) Siedlecki, M., Zur Kenntnis des javanischen Flugfrosches. Biologisches Zentralblatt, Bd. 29, 1909. Die Untersuchungen des Autors beziehen sich auf die beiden javanischen Arten *Polypedates reinwardtii* (Boie) und *P. leucomystax* Gravenhorst.

20) Frühere Angaben von Wallace, Isenschmid und Brehm über den Flächeninhalt der Flughäute von *Polypedates* sind weit übertrieben.

21) Die Flugfrösche werden unaufhörlich verfolgt von der Baumschlange *Dryophis prasinus*.

22) Deninger, K., Über das »Fliegen« der fliegenden Eidechsen. Naturwissenschaftl. Wochenschrift, N. F., Bd. 9, 1910.

23) Nach der Aussage der Eingeborenen von Borneo sollen zwei Arten von *Chrysopelaea* und eine von *Dendrophis*, alle drei Baumschlangen, Flugvermögen besitzen. Shelford stellte über das Fliegen der Schlangen einige Versuche an.

24) Auch über die »Flugfähigkeit« des madagassischen Baumgekos *Uroplatus fimbriatus* Schn. sind weitere, einwandfreie Beobachtungen erwünscht.

25) Semon, R., Im australischen Busch. Leipzig, 1896.

26) Die Flugbeutler *Acrobates* und *Petaurus*, sowie der Flattermaki (*Galeopithecus*) besitzen in ihrem Fallschirm keine besonderen Stützelemente oder Spannknochen. Solche kommen dagegen den Flughörnchen (*Pteromys*, *Sciuropterus*) und Flugbilchen (*Anomalurus* und *Idiurus*) zu.

27) Von den heute lebenden Vögeln besitzt der Albatros wohl die größte Spannweite. Ihm schließen sich Lämmergeier, Marabu und Pelikan mit mehr als 3 Metern Spannung an; bei Kondor, Adler, Kranich und Schwan beträgt die Klafterung immer noch 2—3 Meter.

28) Die ältesten Funde von Pterosauriern entstammen dem ober-
jurassischen Solnhofener Plattenkalk. Ein dort im Jahre 1776 aufgefun-
denes Stück steht im Mannheimer Museum. Süddeutschland und England
lieferten auch Pterosaurierreste aus Trias und Lias, Nordamerika ober-
cretacische Riesen. Siehe:

König, F., in Kosmos 1911, und

Meisenheimer, J., Eine Schilderung des größten fliegenden Lebe-
wesens. Naturwiss. Wochenschrift, N. F., Bd. 3, 1903.

29) Zittel, K. v., (Grundzüge der Paläontologie, Abt. II, Vertebrata,
München und Berlin, 1911) teilt die Ordnung der Flugsaurier in zwei Unter-
ordnungen ein, die langschwänzigen, jurassischen *Rhamphorhynchoidea*, und
die kurzschwänzigen *Pterodactyloidea* aus dem oberen Jura und der Kreide.
Er stellt eine Reihe von osteologischen Konvergenzmerkmalen der Pterosaurier und Vögel zusammen.

30) Harlé, E. et A., Le vol des grands reptiles et insectes disparus
semble indiquer une pression atmosphérique élevée. Bull. Soc. géologique
de la France, T. 11, 1911. In dem interessanten Aufsatz findet sich die
Stelle: » . . . toute augmentation de la grandeur de l'animal serait com-
pensée par une augmentation proportionelle de la pression«.

31) Sée, Alexandre, Les lois expérimentales de l'Aviation, 1911.
Die wichtigsten Sätze lauten: »Le problème du vol devient de plus en
plus difficile à mesure que les poids augmentent... On peut s ivre cette
difficulté croissante avec une parfaite netteté chez les animaux volants.«

»Les minuscules insectes, moucherons, papillons, quoique animaux
à sang froid, volent sans effort sur place, en avant, en arrière, en zigzags
brusques, au gré de leur fantaisie. La forme de leur corps n'est nullement
étudiée pour le vol; ils sont aussi mauvais projectiles que mauvais moteurs;
ils utilisent le vol godillé, mode de vol assez médiocre, à cause de son mouve-
ment alternatif. Cette forme de vol n'est possible que jusqu'à un ou deux
grammes.«

»Au delà de ce poids nous trouvons les oiseaux rameurs, dont le poids
atteint quelques hectogrammes. Déjà leur sang est le plus chaud de tous
les animaux . . .; leurs poumons sont extraordinairement développés; leur
aile, cette merveille d'architecture, a épuisé les ressources créatrices de la
nature; leur corps fuselé est un projectile parfait.«

»Les plus petits peuvent encore, avec effort, s'enlever sur place, mais
ils doivent aussitôt, pour dimin er le travail, utiliser le vol ramé propulsif,
le plus économique de tous. Seul l'oiseau-mouche, le plus léger de la série,
peut voler sur place pendant un temps appréciable. Des oiseaux franche-
ment rameurs ne dépassent guère un kilogramme . . .«

»Au delà de trois kilogrammes, les oiseaux deviennent exclusivement
voiliers, étant incapables de soutenir longtemps l'effort du vol ramé . . .
Quand il n' y a pas de vent, ils renoncent au vol; ils restent perchés. L'essor
leur est pénible.«

32) Revilliod, P., A propos de l'adaptation au vol chez les Micro-
chiroptères. Verhandlungen Naturforsch. Gesellschaft, Basel, Bd. 27, 1916.

Der Arbeit seien folgende Feststellungen entnommen:

Die Chiropteren sind eine sehr alte Ordnung der Säugetiere; sie haben

sich in eine große Anzahl von Gruppen differenziert. In typischer Fluganpassung erscheinen sie bereits vor dem Eozän. Die Hauptfamilien der
Jetztzeit treten im Oligozän auf; manche sind längst verschwunden, oder
leben heute nur noch in isolierten Formen weiter. Sehr schwach gestützt
dagegen ist die Ansicht von Matschie, der die Fledermäuse noch viel
weiter zurückdatiert und ihre Erscheinungszeit mit derjenigen der Flugsaurier zusammenfallen läßt.

Alle jetzigen Vertreter der Ordnung zeigen eine starke Anpassung an
den Flug und haben nur wenige Primitivcharaktere beibehalten. Immerhin weisen gewisse Einrichtungen des Schulter- und Armgelenks einen verschiedenen Grad der Spezialisierung auf und lassen so einige der Vorgänge
erraten, die den Arm zum Flügel verwandelten.

In jeder Familie läßt sich aufsteigend eine Verbesserung der Flügelform konstatieren. Bei den Molossiden (besonders *Chiromeles*) hat der
Flügel die für den Flug geeignetste Form erreicht, während die Hinterextremität auf viel früherer Stufe stehen blieb und in alter Weise noch
mehr dem Greifen, als dem passiven Aufhängen am Ast dient.

33) Ein Flugfuchs wurde, allerdings in sehr ermattetem Zustand,
auf einem Dampfer auf offenem Meer, mindestens 100 Meilen vom Festland entfernt, gefangen.

34) Ein 4 Kilogramm schwerer Storch vollbr ngt in der Sekunde
fliegend etwa eine Arbeit von 6 Kilogrammeter, d. h. ungefähr ebensoviel
wie der 16mal schwerere Mensch beim gewöhnlichen Gang.

35) Pütter, A., Tierflug; Handwörterbuch der Naturwissenschaften,
Bd. 1, Jena, 1912. Die Leistungen der Vögel im Fluge; Die Naturwissenschaften, Jahrg. 2, 1914. Von demselben Autor: Vogel und Flugzeug
(Ein Vergleich); Die Naturwissenschaften, Jahrg. 2, 1914. Das Flug-
muskelgewicht im Vergleich zum Gesamtmuskelgewicht des Vogels wird
durch folgende Prozentzahlen illustriert: Sperling 25,7%, Taube 34,
Krähe 22,4, Ente 27,2, Storch 26, Seeadler 25, Trappe 23,9, Silbermöve
15,7—17,1.

36) Nopcsa, Ideas on the Origin of Flight. Proc. Zool. Soc., London,
1907.

37) Stellwaag, F., Das Flugvermögen von *Archaeopteryx*. Naturwiss.
Wochenschrift, Bd. 31, 1916.

38) Zittel, K. A. v., (siehe unter 29) verweist *Archaeopteryx* in die
Subklasse der *Saururae*, die mit den modernen *Ornithurae* zusammen den
großen Stamm der Vögel bilden. Als Merkmale der *Saururae* zählt er
auf: »Schwanzfedern paarweise an jeder Seite der langen Schwanzwirbel,
Wirbel amphicoel. Sternum rudimentär. Bauchrippen vorhanden. Dorsal-
rippen ohne Processus uncinati. Halsrippen frei. Pelvisknochen sowio
Metacarpalia frei. Finger mit Krallen.«

Die Saururen umfassen die einzige Ordnung der *Archaeornithes* mit
der Form *Archaeopteryx lithographica* v. Meyer. Als Ordnungscharaktere
gelten: »Schädel echt vogelartig mit einer Reihe in konischen Alveolen
steckender Zähne auf Zwischen- und Unterkieferrand. Schwanz eidechsen-
artig. Flügel mit Schwung- und Deckfedern.« Fügen wir noch bei, daß
Archaeopteryx keinen Hornschnabel besaß, und daß sein Auge einen Skleral-

ring ähnlich dem der Pterosaurier trug. Aus allem erhellt die eigentümliche Stellung des Urvogels zwischen Reptilien und Vögeln.

39) Über das Flugvermögen von *Archaeopteryx* äußert sich Nopcsa (36) wie folgt: »The rounded contour of the Archaeopteryx-wing together with the feebly developed sternum, show us, that *Archaeopteryx*, though perhaps not an altogether badly flying creature, can on no account have been a soaring bird, but a bird that was yet in the first stages of active flight«.

v. Zittel ist der Ansicht, daß sich A. trotz der noch mangelhaften Flugorgane frei in der Luft bewegen konnte.

40) Lilienthal, G., Die Flugleistung der Vögel und der Segelflug. Die Naturwissenschaften. Jahrg. 4, 1916.

L. schreibt: »Ich erkenne, ebenso wie Herr Prof. Pütter, daß im Wind die Energiequelle für den Segelflug zu suchen ist, ohne daß ich der Turbulenz hierzu bedarf, sondern im Gegenteil einen möglichst gleichmäßigen Wind voraussetze. «

Über den Schwebeflug handeln auch die von mir benützten Aufsätze:

41) Staby, L., Das Schweben und Kreisen der Vögel. Prometheus, Jahrg. 3, 1892, und

42) Lilienthal, G., Der Einfluß der Flügelform auf die Flugart der Vögel. Sitzungsber. Naturf. Freunde, Berlin, 1917, Nr. 4.

43) Von den Verhältnissen, wie sie für die Taube gelten, ausgehend, findet Pütter durch theoretische Berechnung folgende in Sekundenmetern ausgedrückte Maximalgeschwindigkeit für längere Flüge: Kolibri 28,2, Schwalbe 27,5, Mauersegler 25,2, Möve 22,8, Taube 20,0, Krähe 19, Ente 18, Storch 16,4, Auerhahn 16, Seeadler 15, Albatros 14,4, Trappe 14, Singschwan 14, Kondor 12,2.

Demoll (56) gibt folgende Mittelwerte für die Sekundengeschwindigkeit: Schwalben 18, Buchfinken und Spatzen 12—15, Meisen und Spechte 10—12 Meter.

44) Spill, W., Fernbeobachtungen über den Wanderflug der Vögel. Naturwissenschaftl. Wochenschrift, N. F., Bd. 6, 1907.

Verfasser bestimmte unter anderem folgende maximalen Flughöhen: Mauersegler 4731, Möven 4197, Brachvögel 3287, Drosseln 2913, Kiebitze 2450, Rotkehlchen 2307, Wachteln 2141, Ammern 2116, Schwalben 1878, Bachstelzen 1807, Nachtigallen 1801, Tauben 1762 Meter.

Wie es ihm gelang, in so beträchtlicher Höhe verhältnismäßig kleine Vögel rasch und sicher mit dem Fernrohr zu bestimmen, verrät Spill nicht.

Siehe auch Kleiner, H., Eine Methode zur Ermittlung der Höhe des Vogelflugs. Naturwissenschaftl. Wochenschrift, N. F., Bd. 6, 1907. In der Arbeit wird eine Formel gesucht, nach der bei Mondbeobachtungen die Höhe der an der Scheibe vorbeiziehenden Vögel ermittelt werden kann.

45) Lucanus, F. v., Die Höhe des Vogelzuges. Die Naturwissenschaften, Jahrg. V, 1917.

46) Als klassische Arbeit über den Mechanismus des Vogelflugs muß gelten: Marey, E. J., Le vol des oiseaux, Paris, 1890.

47) Mancherlei Angaben über die Flugformen der Vögel finden sich in den Abhandlungen von H. Erhard: »Der Flug der Tiere«. (Verhand-

lungen der Deutschen Zool. Ges., Bremen, 1913, und in Jahrg. 2, 1914 der »Naturwissenschaften«.) Der Verfasser gibt auch ein sehr ausführliches Literaturverzeichnis der morphologischen und biologischen Arbeiten über den Flug. Darauf sei ausdrücklich verwiesen.

48) Als Resultate seiner Versuche berichtet Paul Bert, daß e ne Lachmöve bereits unter einem Luftdruck von 348 mm krankhafte Erscheinungen zeigte. Derselbe Zustand trat bei einem Turmfalken unter einem Druck von 278 mm ein. Die Möve verendete bei 188, der Falke bei 178 mm. Bei Kaninchen dagegen traten die ersten Anzeichen von Schwäche erst bei einer Herabminderung des Drucks auf 160 mm ein; Hunde starben bei 100—80 mm Druck.

49) Den Brocken im Harz (1148 Meter) sollen die Kraniche hoch überfliegen; Radde gibt an, daß sie sich über dem Kaukasus in mehr als 4000 Meter Höhe halten.

50) Thienemann, J., Untersuchungen über die Schnelligkeit des Vogelflugs. IX. Jahresbericht der Vogelwarte Rossitten, Journal f. Ornithologie, Jahrg. 58, 1910.

51) Aus der Arbeit von Spill (44) mag die folgende Zahlenreihe entnommen werden.

Mauersegler 223, Möven 223, Eulen 155, Drosseln 130, Schwalben 126, Ammern 126, Kiebitze 123, Wachteln 101, Rotkehlchen 101, Tauben 94, Nachtigallen 90, Pieper 90, Brachvögel 79, Steinschmätzer 79, Braunellen 76, Würger 58, Bachstelzen 51 Kilometer durchschnittlich pro Stunde.

52) Lendenfeld, R., Beitrag zum Studium des Flugs der Insekten mit Hilfe der Momentphotographie. Biolog. Zentralblatt, Bd. 23, 1903. Verfasser verbesserte die von Marey ausgebildete photographische Methode zur Ermittlung der Frequenz der Flügelschläge bei den Insekten. Er experimentierte mit bestem Erfolg an der Fliege *Calliphora vomitoria* mit Hilfe eines Apparats, der es erlaubte, Serien von Momentaufnahmen mit ganz kurzen Intervallen ($^1/_{1600}$—$^1/_{2150}$ Sekunden) zu gewinnen.

53) Eine gute Zusammenstellung über die Biologie des Flugs der Tiere und seine morphologische und physiologische Grundlage enthält: Hesse, R. und Doflein, F., Tierbau und Tierleben, Leipzig, 1910—1914. Die vorhergehende Darstellung stützt sich mehrfach auf die Angaben der genannten zwei Autoren.

54) Die bekannteste Wanderlibelle Europas ist *Libellula quadrimaculata*, die gewöhnlichste Wanderheuschrecke *Pachytilus migratorius*.

55) Wesenberg-Lund, C., Odonatenstudien. Internat. Revue gesamt. Hydrobiologie und Hydrographie, Bd. VI, 1913/14.

56) Demoll, R., Der Flug der Insekten und Vögel. Jena, 1918.

57) Ostroumoff, A., Ein fliegender Copepode. Zoolog. Anzeiger, Jahrg. 17, 1894. Im soeben erschienenen Band I der neuesten Auflage von Brehms Tierleben (1918), S. 653, steht: »Im Golf von Neapel sieht man manchmal kleine Schwärme blauer Pontelliden. vielleicht jener *Anomalocera*-Art, sich mit solcher Kraft gegen die Meeresoberfläche schnellen, daß sie sogar herausspringen, worauf der Schwarm wie ein Regen wieder herabrieselt. Man darf wohl annehmen, daß die Tiere vor einem Fisch oder sonstigen Verfolger flohen«.

58) Als grundlegend siehe auch:

Marey, W., La locomotion animale, in: Traité de physique biologique, Paris, 1901.

Du Bois-Reymond, R., Physiologie der Bewegung, in: Wintersteins Handbuch vergl. Physiol., Bd. 3, 1914 (mit ausführlichem Literaturverzeichnis).

59) Gestützt auf sorgfältige Zusammenstellungen und Beobachtungen kommt Bretscher zum Schluß, daß meteorologische Faktoren — Barometerstand, Wind, Temperatur — den Vogelzug nicht entscheidend beeinflussen. » In unserem Gebiet also, scheint mir, sind Vogelzug und Wetterlage zwei Erscheinungen, die, im ganzen genommen, nur nebeneinander hergehen, ohne daß letztere eine irgendwie ausschlaggebende Bedingung für jene ist. «

(Der Vogelzug im schweizerischen Mittelland in seinem Zusammenhang mit den Witterungsverhältnissen. Neue Denkschr. Schweiz. Naturf. Ges., Bd. 51, 1915;

Vergleichende Untersuchungen über den Frühjahrszug der Vögel. Biolog. Zentralblatt, Bd. 36, 1916;

Die Abhängigkeit des Vogelzugs von der Witterung. Biolog. Zentralblatt, B . 38, 1918).

60) Franz, V., Die Funktionen des Daumens am Vogelflügel. Naturwissensch. Wochenschrift, N. F., Bd. 17, 1918.